統計科学のフロンティア 10

言語と心理の統計

統計科学のフロンティア 10

甘利俊一　竹内啓　竹村彰通　伊庭幸人 編

言語と心理の統計
ことばと行動の確率モデルによる分析

金明哲　村上征勝　永田昌明
大津起夫　山西健司

岩波書店

編集にあたって
統計的方法の汎用性

　この巻では言語や心理の分野での統計的方法の新しい展開が扱われている．
　第Ⅰ部の金・村上，第Ⅱ部の永田，および第Ⅳ部の山西による3編の概説は最近注目を集めているテキストデータの統計的解析に関するものである．統計的手法は数値データの解析を中心に発展してきたが，最近では大量のテキストデータがデジタルデータとして入手できるようになったために，その統計的処理が現実的な課題となってきた．このような背景のもとにテキストデータに対する統計的アプローチが注目されているのである．
　金・村上による著者推定の統計学では，たとえば源氏物語の著者に関するさまざまな議論に対して統計的方法を適用した結果が述べられている．これは源氏物語の全テキストをデジタル化した詳細なデータベースにもとづく労作である．その他の文学作品に関しても，たとえば読点の打ち方に作者の特徴が現われるなど，具体的かつ興味深い考察が与えられている．永田の確率モデルによる自然言語処理では，日本語の分かち書きの問題，テキストデータからのキーワード抽出，テキスト分類，機械翻訳といった問題について，確率モデルがどのように利用されているかを概観している．とくに隠れマルコフモデルを利用した品詞やキーワードなどの確率的予測方法がくわしく解説されている．山西によるデータとテキストのマイニングでは，大量の数値データあるいはテキストデータの解析によって，有用な知見をとりだすマイニングの方法が概説されている．マイニングの問題では，大量のデータを効率よく処理するために，アルゴリズムの効率性が重要な問題であり，さまざまな具体的な問題に関するアルゴリズムが紹介されている．
　テキストデータの統計的解析は，かな漢字変換，機械翻訳，音声認識などの実用上重要な問題に直接かかわるものであり，これらの問題に興味をもつ読者にとってこの巻での概説は大変興味深いものになっていると思う．
　テキストデータは「ことば」であり，人間にとってはことばとしての意味

をもったデータである．しかし実際には「意味」を直接コンピュータで扱うことは困難であり，人間と機械の間にはいぜんとして大きなギャップが存在している．本巻で扱われたテキストデータの統計的解析の多くは，意味を捨象して，大量のデータからの頻度情報を分析しようとする手法である．たとえば日本語入力の際のかな漢字変換を考えても，コンピュータが人間の意図している意味を理解し変換してくれることが理想であるが，かりに機械が意味をまったく理解しなくても，正しい変換候補を高い確率で提示してくれればよい．このように単純化して考えれば，大量のテキストデータから，単語や単語の組み合わせの生起確率を正しくモデル化することが問題であることになる．ことばに対するこのような接近方法は，大量のテキストデータが入手できるようになったという状況のなかで，その有用性が注目され研究されている．今後の課題としては，内容の意味や語の用法についての高次の知識の理解に役立つ統計的手法の開発があげられる．そのいっぽうで，金・村上の「読点の位置による著者判別」にみられるように，意味を捨象することではじめて得られる情報もあることも興味深い．目的や見方によって何が情報であるかが変わることは，「情報の科学」としての統計科学の面白さのひとつである．

　第Ⅲ部の大津による概説では，大規模社会調査データの分析例を中心とした統一された展開の中で，心理学や社会学の諸手法が解説されている．この概説は，統計的手法を用いる際の注意点等を含めて統計的方法の有用性を示しており，他分野の研究者にも有用である．心理学や社会学で用いられる標準的な統計的方法については，すでに多くの書籍が刊行されているが，大津の概説は最近までの多くの話題を実践的に扱っている点でとくにすぐれている．

　心理学や社会学は伝統的に統計的方法のひとつの中心分野であった．とくに因子分析は心理学の分野で開発されてきた統計的手法であり，人間の知能や性格を構成する因子を探求するという心理学的な動機がその背景にある．人間の知能や性格を構成する要素は直接観察できるものではないために，因子分析モデルは，直接観察されない潜在的な確率変数を明示的に用いたモデルである．潜在変数を含む統計的モデルは，最近では非常に多

くの分野で用いられるようになっているが，因子分析モデルは Spearman 以来すでにほぼ 100 年近い歴史と研究の蓄積を有し，その意味では潜在変数モデルの元祖といってよいモデルである．たとえば，時系列解析で潜在変数を含む形で定式化される状態空間モデルは，Kalman 以来約 40 年程度の歴史であり，工学的な分野で多用される隠れマルコフモデルはさらに最近である．因子分析は心理学に特徴的なモデルであるが，大津の概説に示されているように，主成分分析，正準相関分析，分割表の対数線形モデルなどの他の多変量解析の諸手法も心理学や社会学での発展に負うところが大きい．このように統計的方法には汎用性があり，分野を越えた有用性をもちうるのである．

（竹村彰通）

目　次

編集にあたって

第Ⅰ部　文章の統計分析とは　　　　　　金明哲・村上征勝　　　1

第Ⅱ部　確率モデルによる自然言語処理　　　　永田昌明　　　59

第Ⅲ部　社会調査データからの推論：実践的入門

　　　　　　　　　　　　　　　　　　　　　大津起夫　　　129

第Ⅳ部　データとテキストのマイニング　　　　山西健司　　　179

索　引　　243

I
文章の統計分析とは

金明哲・村上征勝

目　次

1　文章の統計分析と著者推定　3
　　1.1　計量的文体論　3
　　1.2　著者の推定　4
2　文章の特徴抽出　6
　　2.1　単語の長さ　7
　　2.2　文の長さ　11
　　2.3　品詞の分布　12
　　2.4　識別語と機能語　13
　　2.5　異なり語と出現頻度　15
　　2.6　n-gram の分布　16
　　2.7　日本語固有の特徴情報　17
　　2.8　その他の特徴情報　19
3　統計分析方法　20
　　3.1　基本統計量　20
　　3.2　語彙に関する特性値　20
　　3.3　推測統計と多変量データ解析　23
　　3.4　近年の動向　25
4　日本語の文章の統計分析　30
　　4.1　日蓮遺文の真贋判定　31
　　4.2　『源氏物語』の計量分析　39
5　展望と文献案内　45
参考文献　49

1 文章の統計分析と著者推定

「文体」論は文章の特徴を研究対象とする学問のひとつである．文体に関しては数多くの定義があり(Crystal, 1987)，心理学的文体論，語学的文体論，言語美学的文体論，文章論的文体論，スケール文体論，文章性格的文体論，統計・計量的文体論，文学的文体論などさまざまなアプローチにより研究が進められている．ちなみに，『広辞苑』(第五版，岩波書店)では「文体(style)」を「語彙・語法・修辞など，いかにもその著者らしい文章表現上の特色」としている．

1.1 計量的文体論

文章表現上の特色は書き手によって異なるが，伝統的な文体研究は，特定の作品・作家について，音韻論，構文論，語彙論，品詞論などの観点から，その著者らしい文章表現上の特色を部分的に取り出して講究するのが一般的である．例として，井伏鱒二の文体に関する西田直敏の研究の一節を紹介する(西田，1992，p.87-88)．

> 井伏鱒二の文体を語るには，やはり「山椒魚」(昭和4)から始めなければならない．井伏鱒二の文体に見られる二面性，すなわち，少しとぼけたユーモラスなスタイルと科学的な正確さとでもいうべき非情の眼をもつスタイルとは，この処女作に既に備っている．私はかって「彼は彼の棲家である岩屋から」「彼にとつては」「彼は彼自身」などの代名詞の用法や，(中略)「私の父兄達は，私を為すことのない人間のやうに取扱つて，私に生活費を与へなくなつたのみでなく，彼等の躾かたが悪かつたのであると彼等自身あからさまに私の面前で後悔したり悲しんだりした．(後略)」(「岬の風景」)のような表現から，この種の

欧文直訳体的な文章を基調として，その中に，身ぶりの大きい，おおげさな言いまわしや漢語，方言などを綯いまぜにしたのが，井伏鱒二の初期の特色であると指摘した．

このような文章表現上の特色を列挙する方法には限界があり，また印象批評にすぎないとか主観が強すぎるとの非難は免れないだろう．より客観的，科学的に研究を進めるために，文章表現上の特色を，とくに文章を構成する要素にみられる特色を数量的な観点から分析するのが，文章・文体の統計分析である．たとえば，樺島・寿岳は，現代小説100作品を分析し（樺島，寿岳，1965），100人の作家の100作品における名詞の使用率は平均50.6%であるのに対し，井伏鱒二の4作品における名詞の使用率は平均54.9%で，井伏の文章では名詞が比較的多く使用されているということを明らかにした．ただこの研究では名詞を細分類していないため，前述の西田の言及したような代名詞の使用法は検討できない．しかし，このような統計分析によって，文体に関してわれわれが感性によって感じていることを具体的なデータで裏づけることが可能となり，そして，そのことによって客観的な議論が可能となる．

統計的方法による文体研究を計量的文体論(stylometrics, computational stylistics)という．計量的文体論では，著者の推定，文章の性格分類，特定の作品の文体分析，言語使用の変異などに関する研究が主となる．

1.2 著者の推定

文学作品，哲学書，宗教書，歴史書などの著作物として，人類が有史以来連綿として引きついできた貴重な文化遺産のなかには，著者が不明のものや，真贋が問題となっているものが少なからず存在する．そのなかには原著が失われ，写本で伝承されてきたため，筆跡や墨の成分，紙質などの鑑定では，問題を解決することができないものも多い．いっぽうコンピュータが急速に普及した現代情報社会では，手書きの文章は減少するいっぽうであり，ワープロ上で作成した文章の書き手の推定が必要となるのもさほ

ど遠い将来のことではない．

　文章のいかなる点にその著者らしい文章表現上の特色が現われるのかは，書き手によってそれぞれ異なると考えられる．計量的文体論の研究者は，文章の中に「指紋」のような書き手の特徴を見出そうとして，音韻論，構文論，語彙論，品詞論などさまざまな角度から研究をつづけている．

　このような文体の計量分析に関する研究の始まりは，1851年にさかのぼるといわれている．この年，論理代数の創始者の Augustes De Morgan(1806-1871)は，ケンブリッジの牧師 Heald にあてた書簡の中で，新約聖書の中のパウロが書いたとされる手紙が，すべてパウロ自身の手によるものかどうかという問題に言及し，各手紙の中に現われる単語の長さの平均値を調べることで，この問題は解決できるのではないかと述べている(De Morgan, 1882; 村上，1994b)．

　この De Morgan の考えにヒントを得たオハイオ州立大学の地球物理学者 Mendenhall は，単語の長さの分布を分析した結果を 1887 年に『サイエンス』誌に発表した(Mendenhall, 1887)．かれはディケンズ(Dickens, C.; 1812-1870)，サッカレー(Thackeray, W. M.; 1811-1863)，ミル(Mill, J. S.; 1806-1873)の文章に使われた単語の長さの分布を調べ，それが作家によって異なり，作家の特徴になることを示した．一般的に知られているのはこの Mendenhall の研究であるが，しかしながら，じつは，英国の Campbell は，Mendenhall の研究より 20 年早く，統計的手法を用いて文章の分析をおこなっている．Campbell はギリシャの哲学者プラトン(Platon; B.C. 427 ? - B.C. 347 ?)の著作について，ある特定単語の使用頻度は作家の文体に関係があるという仮説のもとで，特定の哲学用語の使用頻度を分析し，プラトンの 6 つの対話篇の執筆順序の推定を統計的におこなった(Campbell, 1867)．

　ところで，文章に関する素養をあるていどもっていれば，読んだ文章が小説であるか，論文であるか，新聞記事であるか，そのジャンルを見分けることが可能である．これは，われわれがそれぞれのジャンルの文章の形式(パターン)に関する知識をもっているからである．もしそのような事前の知識がなければ，文章のジャンルを見分けることは不可能と思われる．いっぽう，特定の作家の作品の愛読者は，文章を読むだけで，その作家の

文章であるか否かを識別できるといわれている．それはその作家の作品を大量に読むことによって，知らないうちに，作家独特のなんらかの文章のパターンに関する知識が，その愛読者の脳裏に焼付けられたためであると考えられる．しかしこのような人間の脳におけるパターン認識の仕組みはまだ完全には解明されていないというのが現状である．

近年，コンピュータのハードウェアとソフトウェアの発展にともない，人間がおこなっている情報処理の多くをコンピュータに任せることが可能になりつつあるが，人間の脳でおこなわれている文体に関する処理をコンピュータで実現するにはどのようにすればよいか，いまだ明らかではない．

ただ一般的に，情報の処理においては，情報の獲得・情報の加工・情報の分析などのステップが必要であるといわれる．計量的文体研究でもこのようなステップを踏むが，ここでは，著者の文章の特徴情報の抽出を試みる情報の獲得・加工までの過程と，抽出した特徴情報を用いて著者の推定などを試みる統計分析の過程とに分けて話をすすめることとする．

2　文章の特徴抽出

文章を構成する最小単位は文字で，複数の文字が有機的に結合され単語になり，さらに単語が有機的に結合され文節，文，文章となる．このような文章の要素に関する情報をなんらかの形で数値化することにより，文章の特徴や書き手の文体を把握することができると考えられる．De Morgan の考えにヒントを得た Mendenhall が，単語の長さの分布にもとづく文章の統計分析を発表してからすでに百数十年が過ぎた．この間，たえずさまざまな角度から文章や著者の特徴を明らかにすべく，計量的な研究がつづけられてきた．たとえば，単語の長さ，文の長さ，単語の使用頻度，品詞の使用頻度，音韻特徴などに注目した研究が発表されてきた．本章では，そのおもなものを紹介する．

2.1 単語の長さ

前述のように,De Morgan の考えに刺激された Mendenhall は,1887年に単語の長さの分布にもとづいた著者の識別に関する論文を『サイエンス』誌に発表している(Mendenhall, 1887).また,フランシス・ベーコン(1561-1626)がシェイクスピアという名で『ハムレット』『リヤ王』『マクベス』『オセロ』等の戯曲を書いたというシェイクスピア(1564-1616),ベーコン同一人物説を調べるため,シェイクスピアの著作およびベーコンの著作に使用されている単語それぞれ約 40 万語,約 20 万語に関し,それらの単語がアルファベット何文字から成っているかを調べた.その結果,シェイクスピアは 4 文字の単語をもっとも多く使い,ベーコンは 3 文字の単語をもっとも多く使っていることを明らかにし,「シェイクスピアという人物は歴史上存在せず,ベーコンが圧政抗議のため一連の風刺劇を書いた」という一部の人によって信じられていた説を否定する研究を,1901 年に『ポピュラー・サイエンス』誌に発表した(Mendenhall, 1901).

しかしながら,1975 年になってこの Mendenhall の結論を再考させる研究が,Williams によって発表された(Williams, 1975).かれはシドニー(Philip Sidney; 1554-1586)の著作を調べ,同一人物の著作でも散文(prose)と韻文(verse)ではもっとも多く使われている単語の長さの値が異なる場合があることを示した.そして,シェイクスピアとベーコンの文章で,もっとも多く使われている単語の長さが異なるのは,著者が異なる可能性も考えられるが,分析に用いた文章がシェイクスピアの場合は散文で,ベーコンの場合は韻文であったという,文章の形式による差である可能性もまたありうるとしている(図 1).Fucks(1952)は音節を単位とした単語の長さのエントロピーが著者によって異なることを示し,Brinegar(1963),Mosteller と Wallace(1963)は,単語の長さに関する情報を用いて,文章の書き手の識別をおこなっている.

近年,単語の長さの分布に関する基礎的研究が多く発表されている.Frischen(1996)はジェーン・オースティン(Jane Austen)の手紙における単

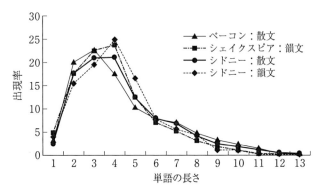

図1 3人の作家の2つのジャンルにおける単語の長さの分布

語の長さの分布,Best(1996)は古代アイスランドの歌や散文における単語の長さの分布,Ziegler(1996)はブラジルの新聞におけるポルトガル語の単語の長さの分布,Becker(1996)は作家 Gabriela Mistral(1889-1957)の手紙におけるスペイン語の単語の長さの分布,Riedemann(1996)はマスコミで用いられる英語の単語の長さの分布,Zuse(1996)は Sir Philip Sidney の手紙を対象とした近代英語の単語の長さの分布,Meyer(1997)は,イヌイット語の物語を対象とした単語の長さの分布,Rottmann(1997, 1999)は音節にもとづいたスラブ語の単語の長さの分布,Aoyama と Constable(1999)は英語の散文における単語の長さの分布,Constable と Aoyama(1999)は散文と韻文の単語の長さの分布の比較研究をおこなっている.

日本語の文体研究では,単語の長さに関する情報はあまり用いられていない.その原因としては,

(1) 日本語は「分かち書き」されていない(英語などのように単語と単語がスペースで区切られていない)ため単語の認識がむずかしい

(2) 日本語のコンピュータでの処理技術が遅れた

ことがあげられる.しかしこれらの問題は近年のコンピュータ科学の発展にともない,しだいに解消されつつあって,すでに比較的精度のよい単語分割システムが開発されている(松本ほか,1998; 黒橋,長尾,1998).

ところで,単語の長さを計量する際には,何を単位として測るかが大きな問題となる.もっとも簡単なのは文字を単位とした計量方法である.文

字を単位とした場合，日本語においても単語の長さの分布に書き手の特徴が現われることが明らかにされた(金，1994a, 1995, 1996)．

文章の書き手を識別するためには，少なくとも分析に用いた文章が書き手の特徴を表わすと考えられる情報によって書き手ごとに分類されることが望ましい．

図2は3人の作家(井上靖，中島敦，三島由紀夫)の作品における単語の長さの情報を主成分分析で分析し，第1，2主成分得点を用いて各作品を配置したものである(横軸は第1主成分，縦軸は第2主成分)．この図2では井上と三島の作品の位置する範囲が重なっており，したがってこの2人の作家の作品がうまく分類されていないことがわかる．これは井上と三島の作品を分類するには，単語の長さの情報では不十分であることを意味する．しかし，井上と中島，三島と中島の作品は，単語の長さの情報でうまく分類されている．このように，分類する作家が異なると，分類に役立つ情報もまた異なるのが一般的である．

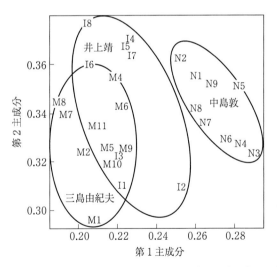

図2 すべて単語の長さの分布を用いた井上，中島，三島の作品の散布図

ところで，文章中に現われる単語のなかには，記述の内容に大きく依存するものがある．記述内容に大きく依存する単語が多いと，同一作家でも

作品の内容ごとに単語の長さの分布が異なってしまう．そのため，記述内容に依存し著者の分類には役に立たない単語や書き手の特徴が含まれていない単語を，分析対象の単語の中からいかに除くかが著者の推定の重要な課題となる．

ひとつの解決策として，品詞別に単語を分けることが考えられる．一般的に名詞は文章の記述内容に大きく依存すると考えられる（金，宮本，1999）．また，助詞，助動詞などは単語の長さがほとんど1〜2文字で，かつその使用率には個人による差があまりみられないため，書き手の特徴が現われにくい．品詞ごとに分析をおこなった結果では，動詞の長さの分布に書き手の特徴がもっとも明確に現われるという結果が得られている（金，1994a）．

図3は動詞の長さの情報を用い図2と同様に井上，中島，三島の3人の作家の作品に対し主成分分析を試みた結果である．図3と図2とを比較してみると，動詞の長さによる分類のほうが，すべての単語の長さの情報による分類に比べて著作が作家ごとにまとまっていることがわかる．

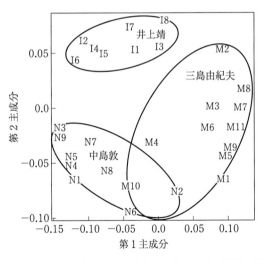

図3 動詞の長さの分布を用いた井上，中島，三島の作品の散布図

このように単語の中から書き手の特徴を表わすものとは無関係の，いわばノイズとなっている単語を除去することで，より質の高い情報を得るこ

とが可能である．この結果は日本語に限らず，英語などの他の言語にもあてはまると考えられる．

2.2 文の長さ

　文の長さに著者の特徴が現われることを示した論文としては，Sherman(1888)が最初であるといわれている．Sherman は，英語の文章において，著者が異なると文の長さの平均値にも違いがみられることを指摘した．統計学者 Yule(1938)は，文の長さの情報を用いてカトリック信者必読の書といわれる『キリストにならいて』の著者の推定をおこなっている．彼は文の長さの平均値，中央値(数値を大小順に並べたときに中央に位置する値)，4分位数(数値を大小順に並べたとき，大きいほうから 1/4 番目の値と 3/4 番目の値の差)などの統計量を分析した結果，『キリストにならいて』の著者は，アウグスティノ会の聖アグネス修道院の副院長であった Kempis(1380?-1471)の可能性のほうが，パリ大学総長であった Gerson(1363-1429)より高いことを示した．1957 年には，Wake(1957)が文の長さの平均値などを用いて，プラトンの『第 7 書簡』の偽作説を否定した．1965 年 Morton はギリシャ語で書かれた散文について文の長さの分布を調べ，書かれた作品の年代が隔たっていなければ同一の作家の文の長さの分布は変わらないとの結論を出している(Morton, 1965)．

　日本語に関しては，波多野(1950)が小説・ジャーナリズムの文章などの文の長さの分布について，安本(1958a)，佐々木(1976)が文の長さの分布の正規性について，樺島(1990)が同一文章における文の長さの変化および文の長さと漢語の使用率の関係などについてそれぞれ計量分析をおこなっている．

　文の長さが書き手の特徴情報として多く用いられている一因は，データを収集しやすいことが挙げられる．とくに日本語のように，単語ごとに分割されていない言語では，文の長さはもっとも計量しやすい．文の長さの分布が場合によっては，書き手の特徴になることについては否定できない．しかし，近年では，文の長さの分布が，欧米，日本語を問わず必ずしも有力

な書き手の特徴情報にはならないことが指摘されている(Smith, 1983; 金, 1994a).

2.3　品詞の分布

　品詞の使用率を用いた文章の統計分析に関する早期の研究として，Palme(1949)がある．Palmeは名詞，形容詞，否定表現の数など13の項目について100人の作品を統計的に調べ，因子分析法を用いて文章の性格について分析をおこなった．

　安本(1958b)は『源氏物語』の中の，「宇治十帖」と呼ばれる「橋姫」から「夢浮橋」までの最後の10巻の著者について検討するため，『源氏物語』54巻の各巻の文の長さ，名詞，助詞，助動詞の千字あたりの使用頻度などの12項目を用いて計量分析を試みた．さらに安本(1959)は100人の現代作家の文章を，文の長さ，名詞の使用頻度，比喩の使用頻度など15の項目について統計的に調べ，因子分析法を用いて文章を性格別に8つのグループに分類した．

　樺島と寿岳(1965)は1.1節で述べたように，100人の作品を品詞の使用率や文の長さ等を用いて統計分析をおこない，100人の作品の名詞の使用率の平均は50.6%であったのに対し，井伏鱒二の4作品における名詞の使用率の平均は54.9%であり．井伏は平均的に名詞を多く使用していること，また，井伏の名詞の使用率でもっとも低い値が50.8%であり，現代作家の平均値に近いのに対し，もっとも高い使用率は58.4%であり，名詞の使用率のバラツキが大きいことなどを報告している．

　Antosch(1969)は，動詞-形容詞の比率について調査分析をおこない，文章のジャンルによってその比率は異なり，民話では動詞-形容詞の比率が高く，科学関連の文章では低いという結論を得ている．

　村上と伊藤(1991)は品詞の使用率，品詞の接続に関する情報などを用いて，4.1節に示すような日蓮遺文の計量分析をおこなった(村上，1994b)．なお，金(1994a)の調査によれば現代作家である井上靖，中島敦，三島由紀夫3人の文章における品詞の使用率には，統計的に有意な差はみられな

かった.

2.4 識別語と機能語

「識別語(discriminatory words)」とは,ある著者の文章から選び出したその著者の特徴となる単語である.Mosteller と Wallace(1964)は「連邦主義者の論説(The Federalist Papers)」(3.4 節参照)の研究にあたり,著者が明確となっている文章から選び出した 'upon', 'although', 'commonly', 'enough', 'while', 'as', 'at', 'by', 'of', 'on', 'would' などの識別語を用いて,それまで著者に関して論争のあった文章の著者について,判別分析やベイズの定理を用いた分析で説得力のある結論を導き出した.Forsyth(1996)は,Hamilton による 23 の文章,Madison による 25 の文章を用いて分析をおこない,Hamilton は 'upon', 'there', 'while', 'vigor', 'would' などを,Madison は 'whilst', 'on', 'by', 'consequently', 'voice' などをより多く使用していることを明らかにした.

韮沢(1965)は,『由良物語』の著者を「にて」「へ」「して」「ど」「ばかり」「しも」「のみ」「ころ」「なむ」「じ」「ざる」「つ」「む」「あるは」「されど」「しかれども」「いと」「いかに」などの単語の使用率を用いて推定した.

「機能語(function words)」とは,作品の主題と密接な関係がなく,文法的な機能や役割を有する語で,前置詞,接続詞,助動詞,冠詞などを指す.Ellegård(1962b)は,「機能語」を用いて Junius Letters(1769 年から 1772 年にかけてロンドンの新聞に掲載された時事政治論集)の書き手の推定をおこない,Burrows(1987)は,'the', 'a', 'an', 'of', 'and' のような「機能語」を主とした共通の高頻度単語で,書き手の推定や文章のジャンルを識別することが可能であることを明らかにした.Tweedie らはニューラルネットワークの入力変数として「機能語」'an', 'any', 'can', 'do', 'every', 'from', 'his', 'may', 'on', 'there', 'upon' を用い,「連邦主義者の論説」の著者の識別をおこなった(Tweedie *et al.*, 1996).

ところで,日本語の助詞および助動詞などは,英語の「機能語」に相当すると考えてよさそうである.日本語の現代小説の単語を品詞ごとに分類

すると，助詞の使用率がもっとも高く，全体の約 35〜40% を占める．ちなみに，そのつぎは名詞(約 25〜30%)，動詞(約 15〜20%)の順で，この 3 品詞の出現率が全単語の約 80% を占める．助詞の中で通常頻繁に使われているのは約 20 種類前後であり，また助詞は名詞と異なり，文章の内容への依存の度合が低い．

　金(1996b, 1997, 1998, 2002a, 2002b, 2003a, 2003b)はこのような助詞の特徴に着目し，助詞の使用分布について計量分析をおこなった．その結果，助詞の分布には書き手の特徴が明確に現われることが明らかになった．図 4 は井上靖，中島敦，三島由紀夫の 3 人の文章における助詞(が，は，に，の，を，など 26 種類)の分布を用いた主成分分析の結果の散布図である．この図をみると書き手別に文章が明確に分類されていることが確認できる．これは書き手の特徴が助詞の使用分布に明確に現われていることを意味する．助詞は使用率が高いため，日記のような量の少ない文章の場合でも有効である．金(1997)は 6 人の社会人の日記(短い日記は約 200〜300 単語)，金(2002b)は大学生の短い作文(1 作文あたり約 1000 文字)について，助詞の分布に関する情報のみで書き手の推定をおこない，約 95〜99% の判別率で書き手が判別できるという結果を得た．

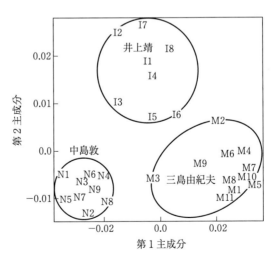

図 4　助詞の使用率を用いた井上，中島，三島の作品の散布図

村上と今西(1999)は,『源氏物語』に用いられている 26 個の助動詞の使用率を統計的に分析し,『源氏物語』54 巻の成立順序の推定をおこなっている(4.2 節参照).

また,中国語における虚詞は「機能語」と考えてもよい.李(1987)は,虚詞(之,其,了,的など 47 個)を用いて中国の古典『紅楼夢』の成立過程について計量的分析をおこなった.

2.5 異なり語と出現頻度

一般的にいえば,文章中に異なった言葉が多く用いられている場合には書き手の語彙が豊富であり,表現が多様であると考えられる.したがって文章中に使用された異なり語の多さに関する計量的な値(語彙の豊富さ)もまた著者の特徴を示すと考えられる.語彙の豊富さを示す指標としてよく用いられる統計量に,延べ語数(N)に対する異なり語数($V(N)$)の比率(type-token ratio, $\mathrm{TR} = \dfrac{V(N)}{N}$)がある.これ以外に,異なり語に注目した語彙の豊富さを示す指標として,3.2 節で紹介するような指標が提案されている.これらの指標はいずれも文章の量が少ない場合には不安定な値となるので注意が必要である.

異なり語の使用頻度を用いた注目すべき研究事例として,統計学者 Efron と Thisted(1976)がある.Efron と Thisted は,生態学の研究に用いられている目に見えない種の数を推定する方法を利用して,シェイクスピアによって書かれた作品の単語,合計 884647 個のうち 31534 個の異なり語の出現頻度にもとづき,シェイクスピアは知ってはいたが現存の作品に使用しなかった単語の数を推定する統計モデルを考案した.この研究の数年後,1985 年にシェイクスピアの作品と考えられる詩が発見された.Thisted と Efron は上記の理論をさらに発展させ,新しく発見された詩について統計的検定をおこない,その詩はシェイクスピアによるものと考えられると判断している(3.3 節参照; Thisted and Efron, 1987).

2.6 n-gram の分布

n-gram は，文字，音素，単語などを単位とし，隣接している n 個を 1 つの組としたものである．たとえば，文字を単位とした場合，例文

　保吉はずっと以前からこの店の主人を見知っている．

の $n = 1, 2, 3$ とする n-gram は

$n = 1$(unigram)：保　吉　は　ず　っ　と　以　前　か　ら　こ　の　店　の　主　人　を　見　知　っ　て　い　る　．

$n = 2$(bigram)：保吉　吉は　はず　ずっ　っと　と以　以前　前か　から　らこ　この　の店　店の　の主　主人　人を　を見　見知　知っ　って　てい　いる　る．

$n = 3$(trigram)：保吉は　吉はず　はずっ　ずっと　っと以　と以前　以前か　前から　からこ　らこの　この店　の店の　店の主　の主人　主人を　人を見　を見知　見知っ　知って　ってい　ている　いる．

となる．

　n-gram は自然言語の機械処理に広く用いられている．n-gram の分布を用いた著者の推定に関する早期の研究として，Fucks(1954)が挙げられる．Fucks は隣接している要素の 2 つの組(pairs)，3 つの組(triplets)，$\cdots$，n 個の組(n-tuplets)の分布による著者の特徴抽出を提案し，隣接している単語の音素の数に関する 2 つの組の出現頻度分布を用いてそれぞれ著者の推定を試みた．また Kjell(1994)は 2 文字組(bigram)のデータを用いて，Hoorn ら(1999)は 3 文字組(trigram)のデータを用いて著者推定を試み，松浦と金田(2000)は，日本語における文字を単位とした n 文字組(n-gram)の分布を用いて著者の推定を試みた．金(2001, 2002b)は助詞の n-gram の分布を用いて書き手の判別分析をおこない，その有効性を示した．

2.7 日本語固有の特徴情報

(a) 漢字・仮名の比率

　日本語を構成する基本要素である文字は漢字と仮名が主であるため，場合によっては漢字が文の中で占める割合も文体の特徴となる．一般的に，漢文の素養が高ければ漢字を多く使用するといわれている．しかし，同一の書き手による異なる作品のなかでさえ，使用されている漢字の比率は必ずしも同じであるとは限らない．たとえば，井上靖の『結婚記念日』，『石庭』，『死と恋と波と』，『帽子』，『魔法壜』，『滝へ降りる道』，『晩夏』での漢字の使用率はそれぞれ約 32％，31％，32％，29％，28％，29％，31％であり 30％ 前後で揺れているが，『楼蘭』での漢字の使用率は約 42％ にものぼり，通常より漢字が 10 ポイントも多く使用されている．これは『楼蘭』の題材が中国であったのが原因と考えられる．ちなみに，最近の大学卒の社会人が書いた日記における漢字の使用率は 25％ 前後で，30％ を超える人は少ない（金ほか，1993b）．

(b) 読点の打ち方

　読点は，1 つの文の内部で，語句の切れ・続きを明らかにするために文の中の意味の切れ目につける符号である．

　並立する語句の間に打つ読点は，個々の語句が独立していることを示すという機能があるため，書き手によって大きく異なることはないが，下記の例にみられるような読点は，読点直前の文節が直後の文節にかからず，そのさらに後の文節にかかっていくことを示すものであり，書き手によって異なっているようである．

　　私は，数人の作家の文章を，次に述べる方法で分析した．

　並立する語句の間に打つ読点以外の読点の付け方には，はっきりとした規則はなく，どこを意味の切れ目にするかは書き手によって異なるものと考えられる．たとえば，副助詞「は」の後で必ず読点を打つ人もあれば，場

合によって打ったり打たなかったりする人もあるようである．これは読点の打ち方に明確な基準がないからである．明確な基準がないと書き手の特徴が出やすいことは言うまでもない．

　金(Jin and Murakami, 1993; 金ほか，1993a, 1994a, 1994b)は，日本語の読点の打ち方に明確な基準がないことに注目し，読点の打ち方について計量分析をおこなった．

　文章中の読点から書き手の特徴情報を抽出する方法としては，読点をどの文字の後に打つか，読点を打つ間隔，読点をどの品詞の後に打つかといった点に着目することが考えられる．このような読点の打ち方について計量分析をおこなった結果，読点をどの文字の後に打つかに関するデータに書き手の特徴がもっとも明確に現われ，かつ，得られたデータがもっとも安定していることが明らかになった．読点の前の文字に関する情報は，読点の前の1文字が何であるかだけの集計によって得られるため，簡単に計量分析を試みることができるという利点がある．

　図5は井上靖，三島由紀夫，中島敦の3人の文章における，読点の前の文字に関するデータの主成分分析の結果である．図5と図2〜4とを比べると，図5の読点の打ち方の情報を用いたほうが，図2〜4までの単語の長さの分布や助詞の使用率の情報を用いた場合よりも書き手がはっきりわかれている．これは，書き手の特徴が，単語の長さの分布や助詞の使用率よりも，読点の打ち方に明確に現われていることを意味している．

　また文学作品に限らず，論文スタイルの文章でも，書き手の特徴が読点の打ち方に明確に現われることが実証された(金，1993a, 1994a)．また吉岡(1999)は現代新書40冊を，奥田(1998)は赤川次郎と森博嗣の作品を用いて，それぞれ読点に関するデータに著者の特徴が明確に現われることを実証した．

　このように読点の打ち方には書き手の特徴が明確に現われ，文学作品に限らず，論文スタイルの文章の書き手の識別にも有効である．ただし，これまでの研究では，文章のなかに読点が少なくとも数十回現われるのが前提条件である．したがって，日記のように短い文章の書き手の識別には困難がともなう．

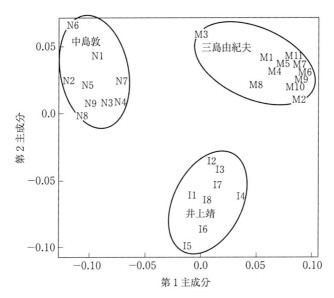

図 5 読点の前の文字に関する情報を用いた井上，中島，三島の作品の散布図

2.8 その他の特徴情報

前節までに述べた書き手の特徴を示すと考えられる情報以外に，音韻の特徴(Fucks, 1954; Cox and Brandwood, 1959)，文頭・文末のパターン(Cox and Brandwood, 1959)，段落の長さ，会話の比率，色彩語や比喩語の比率なども書き手の特徴情報として用いられている．これらに関しては Holmes(1994)，安本(1994)，樺島(1990)にくわしい．

文章を書く場合，短篇ならば，全体をある文章体に統一して書くことは可能である．しかし，長篇になると時間の経過，叙述・描写する対象，執筆時期の情緒の変化などにより文体が統一できない可能性も十分ありうる．したがって文章の書き手を判別，推定するさいに用いる書き手の特徴情報は，時間の経過，叙述・描写する対象，執筆時期の情緒などにあまり影響されないことが望ましい．

3 統計分析方法

前章では日本語における書き手の特徴情報に関して，近年の研究成果を踏まえて概述した．本章では抽出した情報からいかなる手法で書き手の識別，判別，推定などをおこなうかについて触れる．

3.1 基本統計量

文章の統計分析が始まったのは 19 世紀の後半である．19 世紀後半から 1930 年代前後までは，統計的手法による文体研究は初期の段階であり，そのため文体における統計分析は，平均値，最頻値（もっとも多く出現する値），4 分位範囲などの基本的な統計量を用いたものであった．たとえば，2.1 節に示したように，Mendenhall(1887)の研究では，シェイクスピアは 4 文字の単語をもっとも多く使用しているが(最頻値 4)，ベーコンは 3 文字の単語をもっとも多く使用している(最頻値 3)ことを明らかにし，両者の文体は異なると主張した．またイギリスの統計学者 Yule は，4 人の作家の作品に関し，文の長さの平均値，中央値，4 分位数を算出し，作家が異なれば文の長さも異なるという分析結果を示した(Yule, 1938)．

3.2 語彙に関する特性値

文章の特徴を示す値として，文章に用いられた異なり語数や単語の使用頻度の情報を用いた統計量が多く提案されている．単語の使用頻度に関するもっとも有名な計量的研究は，単語の使用頻度と使用頻度の順位の積がほぼ一定になるという Zipf の法則である(Zipf, 1932)．Zipf の法則が，著者の推定に直接効果を発揮することはなかったが，それでも文章の統計的研究に与えた影響は，はかり知れない．

語彙量に関する情報を用いた著者の特徴をはかるいくつかの統計量が提案されている．もっとも簡単でよく用いられるのが，2.5 節に示した延べ語数(N)に対する異なり語数($V(N)$)の比 TR である．TR の値が大きければ大きいほど著者の語彙が豊富であるといえる．

$$\mathrm{TR} = \frac{V(N)}{N}$$

これ以外にも語彙の豊富さに関する統計量は数多く提案されている．Guiraud(1954)は

$$R = \frac{V(N)}{\sqrt{N}}$$

Herdan(1960)は

$$C = \frac{\log V(N)}{\log N}$$

Maas(1972)は

$$a^2 = \frac{\log N - \log V(N)}{\log^2 N}$$

Tuldava(1977)は

$$\mathrm{LN} = \frac{1 - V(N)^2}{V(N)^2 \log N}$$

Dugast(1978, 1979)は

$$k = \frac{\log V(N)}{\log(\log N)}$$

$$U = \frac{\log^2 N}{\log N - \log V(N)}$$

Brunet(1978)は

$$W = N^{V(N)^{-a}}$$

を語彙の豊富さを示す統計量として提案した．ただし，a は定数であり，一般的には 0.165〜0.172 の値を用いる．

Yule は 1944 年に，語彙の豊富さを示す K 特性値という統計量(characteristic K)を考案した(Yule, 1944)．Yule の K 特性値は単語の出現頻度がポ

アソン分布に従うと想定している.

いま,延べ語数が N である文章の中に i 回出現した単語数を $V(i,N)$ とした場合,Yule の K 特性値は下記の式で定義される.

$$K = 10^4 \frac{\left[\sum_{i=1}^{N} V(i,N) i^2\right] - N}{N^2}$$

ほかに出現頻度情報を用いた統計量として Simpson(1949) は,

$$D = \sum_{i=1}^{V(N)} V(i,N) \frac{i}{N} \frac{i-1}{N-1}$$

Good(1953) は,

$$c_{s,t} = \sum_{k=1}^{V(N)} (-\log p_k)^s p_k^t$$
$$= \sum_{i=1}^{N} V(i,N) \left[-\log \frac{i}{N}\right]^s \left(\frac{i}{N}\right)^t$$

をそれぞれ提示している.Good の $c_{s,t}$ で $s=1$, $t=1$ の場合はシャノンのエントロピーとなる.また $N \to \infty$ の場合,Yule の K 特性値は 10^4 倍の $c_{0,2}$ に収束する.Herdan(1958) は,

$$V_m = \sqrt{\sum_{i=1}^{V(N)} V(i,N) \left(\frac{i}{N}\right)^2 - \frac{1}{V(N)}}$$

を提示している.V_m は Yule の K 特性値と関係している.また Sichel(1975, 1986) は,

$$S = \frac{V(2,N)}{V(N)}$$

Honoré(1979) は,

$$H = 100 \frac{\log N}{1 - \dfrac{V(1,N)}{V(N)}}$$

を文章の特徴を示す統計量として提示している.

これらの語彙量や使用頻度情報を用いた特性値を組み合わせた試みもおこなわれている.その中でもっとも多く用いられているのは,Yule の K 特

性値，HonoréのH指標，BrunetのW指標である(Holmes, 1991; Holmes and Forsyth, 1995; Holmes and Singh, 1996)．

またZipfの法則を一般化した下記の式も提示されている(Orlov, 1983)．ここではZが語彙の豊富さを表わす統計量である．式中のp^*は相対頻度の最大値である．

$$V(N) = \frac{Z}{\log(Zp^*)} \frac{N}{N-Z} \log \frac{N}{Z}$$

このように語彙に関する統計量を求める多くの式が提示されている．しかし，これらすべてが現在でも肯定されているわけではない．関心をもたれた方は，Cに関してはWeitzman(1971)，Orlov(1983)，Ménard(1983)，Rに関してはOrlov(1983)，Ménard(1983)，Dに関してはThoiron(1986)，W，Uに関してはCossette(1994)，Kに関してはTallentire(1972)，Ellegård(1962)を一読することを薦める．

ところで上記の式のほとんどは文章の長さに依存する．その依存度に関してTweedieとBaayen(1998)は比較分析をおこないK, Zが長さの変化にあまり依存せず，もっとも安定していると指摘している．

3.3 推測統計と多変量データ解析

1960年代以前には，平均，分散，相関などの基本統計量，語彙に関する統計量，エントロピー(Fucks, 1952, 1954; Herdan, 1958)などが著者の推定に多く用いられたが，70年代に入ると推測統計や，多変量データ解析の手法が用いられるようになった．安本(1958b, 1959)は『源氏物語』の「宇治十帖」と呼ばれる後半の10巻が，前半の44巻と同様に紫式部が書いたのかについて，各巻の和歌，直喩，声喩，色彩語，名詞，用言，助詞，動詞，助動詞の使用頻度など12項目に分けたデータについてU検定法，カイ2乗検定法を用いて分析をおこなった．Brinegar(1963)，Smith(1983)は単語の長さ，Morton(1965)，Sichel(1974)は文の長さのデータについてカイ2乗統計量を用いて著者の推定をおこなった．以下に統計学者がおこなった推測統計手法による著者推定の研究事例を紹介する．

1985年11月14日に，シェイクスピアのものと考えられる9つの節で構成された詩が発見された．この詩はオックスフォード大学の出版社の編集者 Gary Taylor らがボデリアン(Bodleian)図書館から借り出したカタログからみつけ出された(Lelyveld, 1985; Taylor, 1985)．新しく発見された詩は短く，わずか429単語で，シェイクスピアと署名されていた．1985年11月24日のイギリスの日曜紙『サンデー・タイムズ』は，シェイクスピアの新しい作品の発見を報道した．この発見はアメリカの『ニューヨーク・タイムズ』や雑誌『タイム』でも取り上げられ，肯定，否定両論がまき起こった．

シカゴ大学の Thisted とスタンフォード大学の Efron の2人の統計学者は，生物統計等の分野で未発見の種の総数を推定するために用いられた方法を著者の推定に適用し(Efron and Thisted, 1976)，その研究成果にもとづき，新発見の詩の著者に関する研究をおこなった．その結果は "*Biometrika*" という論文誌に発表された(Thisted and Efron, 1987)．

かれらは単語の出現頻度がポアソン分布に従うとの仮定のもとで，ノンパラメトリックな経験的ベイズモデルを使って，新発見の詩のなかの単語の一貫性によって，これをシェイクスピアに帰属すべきかどうかを統計的に検定し，初期のシェイクスピアの用法にかなりうまく適合するという結論を導いた．しかし，Valenza は，Thisted と Efron が分析に用いたシェイクスピアの詩の長さは，統計的検定をするには短すぎると指摘している(Valenza, 1991; Holmes, 1998)．

コンピュータの普及にともない，大量のデータ処理を瞬時におこなうことができるようになった1970年代前後からは，統計ソフトウェアの普及も相俟って多変量分析の手法が多く用いられるようになり，これは今日の文体分析，著者の推定のおもな方法となっている．

多変量データ解析手法による著者の識別をおこなった早期の研究として Cox と Brandwood(1959)，Mosteller と Wallace(1963)が知られている．Cox と Brandwood は，文末の5つの音節に関する32のパターンのデータの尤度比にもとづいた判別分析をおこない，Mosteller と Wallace は著者の特徴が現われると考えられる20種の単語を用いて，ベイズの定理にもとづ

いた判別分析法で著者の推定をおこなった．韮沢(1965)は，2.4 節に示したように江戸時代に書かれた『由良物語』について著者の判別分析をおこなった．

いっぽう，心理学者による文章の性格分析には，因子分析が多く用いられている．Palme(1949)は 100 人の作品の，13 項目(名詞，形容詞，否定表現の数など)に関するデータを因子分析を用いて分析し，3 つの文章性格に分けた．同じように安本(1959)は，100 人の日本の現代作家の文章について 15 項目(文の長さ，名詞の使用頻度，比喩の使用頻度など)のデータを調査し，因子分析で 100 人の作家の文章を 8 つのグループに分類している．

近年は，多変量データ解析のソフトの恩恵を受け，人文系の研究者も簡単に多変量データ解析をおこなうことができ，その結果，判別分析，相関分析，主成分分析，因子分析，数量化理論，多次元尺度法，クラスター分析などの多変量データ解析の手法が，著者推定や文体分析の主流となっている．

3.4 近年の動向

昨今,「データマイニング」という言葉をよく耳にする.「データマイニング」とはデータから必要となる情報を掘り出す理論，技法，行為の総称である．情報を掘り出す方法としては，従来の統計的手法のほか，新たに考案された方法論およびニューラルネットワーク，遺伝的アルゴリズム理論，ルール発見法，サポートベクトルマシン(support vector machines, SVM)などコンピュータの能力を有効に利用したアルゴリズムが用いられている．

文章の著者の判別は，情報抽出の部分を除けば，一般的なパターン認識・ベクトル処理となんら異ならない．

この 10 年間，自然言語処理の分野では文章・文書の分類(text categorization)の研究が急速に進められてきた(Manning and Schütze, 2000; Sebastiani, 2002)．情報処理の分野で使用されている文章分類のアルゴリズムは，数多くあり，そのすべてを挙げることはできない．アルゴリズムの理論ベースにもとづいて大別すると，確率モデル，決定木モデル，回帰

モデル，バッチ(batch)線形モデル，ニューラルネットワーク，事例ベース(example-based)モデル，SVM などがある(Sebastiani, 2002)．

Yang らは広く知られている分類アルゴリズム SVM, kNN, NNets, NB および Yang らが提案した LLSF のパフォーマンスについて比較をおこなった(Yang, 1997, 1999; Yang and Liu, 1999)．Yang と Liu(1999)は，訓練・学習用のサンプルの数が少ないとき(10 以下)には，SVM, kNN, LLSF は明らかに NNets, NB よりよいパフォーマンスを示すが，訓練・学習用のサンプル数が多く(300 以上)なると，比較に用いたアルゴリズムのパフォーマンスには，大きな差がみられないと報告している．

SVM とは，高次元のデータ処理のため考案された分類アルゴリズムであり(Vapnic, 1995; Cotes and Vapnic, 1995)，kNN(k-nearest neighbor)とは事例にもとづいた学習タイプの分類アルゴリズムである(Cover and Hart, 1967; Duda and Hart, 1973; Desarathy, 1991; Creecy et al., 1992)．また LLSF(linear least squares fit)とは回帰タイプのアルゴリズムであり(Yang and Chute, 1994)，NNets(neural networks)とは人工神経回路による分類アルゴリズムであり(Wiener et al., 1995)，そして NB(naive Bayes)は確率タイプの分類アルゴリズムである．これらの分類アルゴリズムおよび文章の自動分類への応用は Sebastiani(2002)がくわしい．

また Hoorn et al.(1999)は NNets, kNN, NB などの分類アルゴリズムのパフォーマンスを検証するため，3 文字組(trigram, 3-gram)データを用いて詩の著者の推定をおこない，分類の精度は NNets, kNN, NB の順で高いという結果を得ている．

情報処理分野での文章・文書の分類と，著者推定のための文章の分類との違いは，前者が膨大な学習データから学習をおこなうことが一般的であるのに対し，後者は学習データが少ないことである．

金(2003a)は，教師データ無しのニューラルネットワークの一種である自己組織化マップ(self-organizing map, SOM)を用いて，作家 4 人の 80 の文章についてクラスター分析をおこない，その有効性を示した．主成分分析などでは書き手別の分類が明確ではないが，SOM ではよい分類が得られている．図 6(a)に主成分分析の結果，図 6(b)に SOM による分類結果を

3　統計分析方法　27

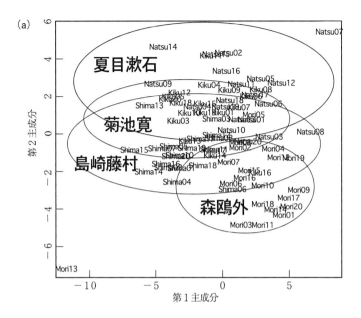

図 6　(a) 助詞上位 48 位までの使用頻度データを用いた主成分散布図.
　　　(b) 助詞上位 48 位までの使用頻度データを用いた SOM.

示す．

　金(2003b)は，SIR(Sibsion's information radius)を距離の測度とした判別方法，広く使用されている kNN 法，隠れ層をもつニューラルネットワーク方法(NNets)，競合学習型のニューラルネットワーク LVQ(learning vector quantization)法，SVM 法などを用いて書き手の同定の比較研究をおこない，誤判別率が低い上位 3 位は SIR 法，NNets 法，LVQ 法の順であることを報告している．

　情報処理の分野でよく使用されている分類方法を，著者の推定問題に適用する研究は，最近増加しつつある．Matthews と Merriam(1993)，Merriam と Matthews(1994)，Kjell(1994)，Tweedie et al.(1996)，Hoorn et al.(1999)，Waugh et al.(2000)はニューラルネットワークの方法を用いて文章の著者の識別をおこなった．

　ここで Tweedie et al.(1996)の研究を簡単に紹介する．Tweedie らは，著者推定の問題として有名な「連邦主義者の論説」(The Federalist Papers)に関して，ニューラルネットワークを用いて執筆者の推定を試みた．

　「連邦主義者の論説」とは，1787 年～1788 年に米国憲法制定にあたり政府を説得するため，ニューヨーク新聞にパブリウス(Publius)という筆名で発表された 85 編(最初に 77 編，その後 8 編が発表された)の論説である．各論説の長さは 900～35000 単語である．この論説は，アメリカ合衆国憲法の立案者たちの意図を研究するうえで，非常に重要な文献である．ところでこれらの論説の執筆者は，後の合衆国の

　　初代財務長官アレクサンダー・ハミルトン(Alexander Hamilton; 1757-1804)
　　初代最高裁長官ジョン・ジェイ(John Jay; 1745-1829)
　　第 4 代大統領ジェームズ・マディソン(James Madison; 1751-1836)
の 3 人であることが知られている．85 編のなかで，49～58，62，63 の 12 編の論説が，このハミルトンによるものか，それともマディソンによるものかということが問題になっていた．

　1963 年にハーバード大学の F. Mosteller とシカゴ大学の D. L. Wallace は，単語の使用率に注目し，執筆者に疑いがもたれている 12 編の論説につ

いて判別分析をおこない，マディソンが著者である可能性が高いという結果を出している．

　Tweedie らは Mosteller と Wallace が用いた単語の部分集合である 11 の単語(any, from, an, may, upon, can, his, do, there, on, every)のデータを用い，ニューラルネットワークで執筆者の推定をおこなった．このニューラルネットワークによる解析では，初めにハミルトンとマディソンによって書かれたことが明白な論説を機械に認識させた(学習させた)．

　学習の段階での誤識別は 1 件のみで，みかけ上の誤識別率は 1/65=0.0154 である．この研究でのニューラルネットワークの構造は，入力層は 11 個，中間層は 3 個，出力層は 2 個のニューロンによる 3 層の階層型ネットワークである．入力層のニューロン数は入力に用いた変数の数，出力層のニューロン数は識別すべきグループの数(ハミルトンとマディソン)と一致している．中間層のニューロンを 3 個にしたのは，試行錯誤により得られた最適と思われる数である．

　Tweedie らの研究より以前の研究では，著者について論争されていた 12 編の論文(論説番号 49～58，62，63)のうち，論説番号 55 はハミルトンの可能性は残っているものの，その他のすべてはマディソンによるものというのが一般的であった．Tweedie らの今回の研究では 55 番目の論説も含めて，問題となっていた 12 編の論文すべてがマディソンによるものであるという結論に達した．また共著といわれている 18, 19, 20 番の論説に関しても分析をおこない，先行研究とは異なる結果を得ている．しかし，共著の論説に関しては，より問題が複雑であり今後も議論がつづくと考えられる．

　ニューラルネットワークはパターン分類には有効な方法である．しかし，人文系の研究者が文体計量分析に用いるのには馴染みやすい方法とは言いがたい．人文系の研究者にとっては，ニューラルネットワークのような分析の過程がブラックボックスになっている方法より，むしろ IF, THEN の形式で結果を示すルール発見法が馴染みやすいだろう．

　ルール発見法はデータマイニングのひとつの柱となっている．ルール発見法にも多くのアルゴリズムが提案されている．もっとも広く知られているのは決定木(decision tree)によるルール抽出方法である(大滝ほか，1998).

金(1998, 2002a)はラフ集合(rough sets)(Pawlak, 1984)理論にもとづいて，井上，三島，中島の 28 文章における助詞の使用状況について下記のような著者の識別ルールを抽出した．ルールの中の数値はそれぞれの助詞の使用率(パーセンテージ)の上下限である．

ルール 1 もし {(0.66 < か < 2.86) & (11.42 < て < 15.21) & (と < 11.27)} であれば井上

ルール 2 もし {(か < 0.91) & (3.63 < と < 7.28) & (0.17 < ので)} であれば三島

ルール 3 もし {(11.57 < に < 14.41) & (ので < 0.20)} であれば中島

このようなルール発見法は，データ数が多く，視覚的にデータの特徴を見つけ出すことが困難な場合に非常に有効となる．

データマイニングは，本書第Ⅳ部で取り上げられているとおり，データ科学のなかでもホットな話題のひとつである．データマイニングの全体像および研究の現状をつかむには Han と Kamber(2000)を薦める．ここでは 400 を超える参考文献がリストアップされているので大変参考になるであろう．

4 | 日本語の文章の統計分析

これまで紹介してきた研究の多くは外国語の文章の統計分析に関する研究であった．この節では日本語の著作に関する統計分析の研究を少しくわしく紹介する．

残念ながら欧米諸国に比べると，日本における文章の統計分析に関する研究は遅れているといわざるをえない．原因は日本文が英文のように分かち書きされていない(単語と単語の間に区切れがない)ため単語の認定がむずかしく，また漢字，かな等の文字の種類が多いなどの日本語特有の問題点に加え，コンピュータでの日本語処理技術が遅れたことにある．そのた

め研究例も少ない．ここでは日蓮の遺文と『源氏物語』の統計分析を紹介する．

4.1 日蓮遺文の真贋判定

洋の東西を問わず贋作と噂される文献は数多く存在し，思想，学問，宗教等の研究の障害となってきた．仏教思想家日蓮（1222-1282）の著作に関しても，贋作の疑いのあるものが多数存在していることが知られている．この節では，以下の 5 編の文献
- 『三大秘法禀承事』
- 『聖愚問答鈔』
- 『生死一大事血脈鈔』
- 『諸法實相鈔』
- 『日女御前御返事』

の真贋判定を，文章の統計分析で試みた研究を紹介する．

分析では，この 5 編の文献のほかに，表 1 に示すような日蓮の著作とみなした文献 24 編，贋作 16 編，日蓮門下の 2 名の著作 5 編の計 50 編の文献を用いた．ここで用いた贋作 16 編は，これらの著作と比較することで日蓮の文章の特徴を浮かび上がらせるためのものであり，また日蓮門下の日順，日興の著作を含めたのは，この 2 名が前述の 5 編の文献の中の 1 編『三大秘法禀承事』の著者の可能性があるからである．

分析に用いたのは，文章を単語に区切り，それぞれの単語に品詞情報，漢字の読みなどの統計分析に必要な情報を付加した 167,920 語のデータである（図 7）．これらのデータから得られる情報を，単語に関する情報（1 万数千種類の異なり語の出現率に関する情報）と，文の構造に関する情報（文長，単語長，品詞の出現率，語彙の豊富さを示す量など）の 2 つに分け，真贋の判定は，この 2 種類の情報を別々にクラスター分析法で分析し，5 編の文献の真贋に関し同じ結論が得られるかどうかでおこなった．クラスター分析法は類似の個体（この場合は文体の似ている文献）を順次まとめてグループ（クラスター）を作っていく統計手法である．

表 1 日蓮遺文の真贋判定に用いた文献

執筆者	文献番号	文献名	執筆年	語数	漢文比率
日蓮著作	S01	二乘作佛の事	1260	2570	0.802
	S02	唱法華題目鈔	1260	8078	0.142
	S03	顯謗法鈔	1262	8487	0.151
	S04	持妙法華問答鈔	1263	3578	0.112
	S05	藥王品得意鈔	1265	2363	0.702
	S06	善無畏鈔	1266	2023	0.311
	S07	眞言天台勝劣の事	1270	2236	0.255
	S08	十章鈔	1271	1362	0.054
	S09	如説修行鈔	1273	2064	0.065
	S10	呵責謗法滅罪鈔	1273	3444	0.070
	S11	本繪二像開眼の事	1273	1159	0.218
	S12	法蓮鈔	1275	7317	0.071
	S13	本尊問答鈔	1278	4251	0.117
	S14	諸經と法華經と難易の事	1280	761	0.693
	S15	諫曉八幡鈔	1280	6369	0.207
	S16	富城入道殿御返事	1281	1038	0.354
	S17	曾谷二郎入道殿御報	1281	1872	1.000
	S31	如来滅後五五百歳始觀心本尊鈔	1273	7894	1.000
	S32	顯佛未來記	1273	1971	1.000
	S33	法華取要鈔	1275	3512	1.000
	S34	曾谷入道殿許御書	1275	6864	1.000
	S35	太田入道殿御返事	1275	1524	1.000
	S36	始聞佛乘義	1278	1013	1.000
	S37	妙一尼御返事	1280	2096	0.323
日蓮贋作	G21	十八圓滿鈔	1280	2714	1.000
	G22	法華本門宗要鈔	1282	7078	1.000
	G23	臨終の一心三觀	?	753	1.000
	G24	十王讚歎鈔	1254	8566	0.032
	G25	眞言見聞	1272	3841	0.458
	G26	觀心本尊得意鈔	1275	619	0.118
	G27	當體蓮華鈔	1280	2622	0.092
	G28	法華大綱鈔	1266	3331	0.114
	G41	問答鈔	1254	3439	0.006
	G42	一念三千法門	1258	2369	0.170
	G43	早勝問答	1271	3126	1.000
	G44	放光授職灌頂下	1274	1078	1.000
	G45	成佛法華肝心口傳身造鈔	1275	2070	0.105
	G46	本寺参詣鈔	1282	959	0.127
	G47	讀誦法華用心鈔	1282	2602	0.822
	G48	萬法一如鈔	?	6112	0.151

執筆者	文献番号	文献名	執筆年	語数	漢文比率
真贋不明	M00	三大秘法稟承事	1281	1280	0.264
	M51	聖愚問答鈔	1265	13439	0.144
	M52	生死一大事血脈鈔	1272	893	0.230
	M53	諸法實相鈔	1273	1665	0.102
	M54	日女御前御返事	1277	2441	0.009
門下	D61	用心鈔　　　（日順）	?	2539	1.000
	D62	本門心底鈔　（日順）	?	3352	1.000
	D63	五人所破鈔　（日順）	?	3103	1.000
	D64	富士一跡門徒存知事(日興)	?	2348	1.000
	D65	原殿御返事　（日興）	?	1735	0.109

分析の概略はつぎの通りである．

（1）真贋が不明の5編の文献を除いた45編の文献を，日蓮の著作のクラスター(正確に表現するなら日蓮の著作と見做した文献のクラスターというべきであるが，混乱をさけるため，日蓮の著作のクラスターと表現する．見做したという表現は，分析を開始する前には日蓮の著作と考えていたことを意味する．実際に，このうちの1編については弟子の著作であることがあとで判明した．)と，日蓮以外の人物の著作(贋作および日順，日興の2名の著作)のクラスターに分け，この2つのクラスターの文献の文章を統計的観点から比較し，2つのクラスターの間で平均値に差がみられる変数，つまり日蓮の文章の特性(クセ)を示すと思われる変数をつぎのようなt統計量を用いて抽出した．t統計量の絶対値が大きい変数ほど，日蓮の特徴を示す変数と考えてよい．

$$t = \frac{\overline{x}_1 - \overline{x}_2}{\sqrt{\frac{S_1^2}{n_1} + \frac{S_2^2}{n_2}}}$$

ただし，この式の中のn_1は日蓮の著作の数，$\overline{x}_1, S_1^2$は日蓮の著作のクラスターにおける変数xの平均値と分散，n_2は日蓮以外の人物の著作の数，$\overline{x}_2, S_2^2$は日蓮以外の人物の著作のクラスターにおける変数xの平均値と分散である．

番号	行	品詞	語長	かな漢字	語長	カタカナ
1	1	動詞	2	問う	2	トウ
2	1	助詞	1	て	1	テ
3	1	普通名詞	2	云く	3	イハク
4	1	固有名詞	3	法華經	5	ホケキヤウ
5	1	助詞	1	の	1	ノ
6	1	接頭語	1	第	2	ダイ
7	1	数詞	1	四	1	シ
8	1	固有名詞	3	法師品	5	ホッシホン
9	1	助詞	1	に	1	ニ
10	1	普通名詞	2	云く	3	イハク
11	1	普通名詞	4	難信難解	7	ナンシンナンゲ
12	1	普通名詞	2	云云	4	ウンヌン
13	1	形容動詞	3	何なる	4	イカナル
14	1	形式名詞	1	事	2	コト
15	1	助詞	2	ぞや	2	ゾヤ
16	1	動詞	2	答へ	3	コタヘ
17	1	助詞	1	て	1	テ
18	1	普通名詞	2	云く	3	イハク
19	1	連体詞	2	此の	2	コノ
20	1	普通名詞	1	經	3	キヤウ
21	1	助詞	1	は	1	ハ
22	2	普通名詞	1	佛	3	ホトケ
23	2	動詞	2	説き	2	トキ
24	2	動詞	2	給ひ	3	タマヒ
25	2	助詞	1	て	1	テ
26	2	普通名詞	1	後	2	ノチ
27	2	数詞	4	二千餘年	6	ニセンヨネン
28	2	助詞	1	に	1	ニ
29	2	動詞	3	まかり	3	マカリ
30	2	助動詞	2	なり	2	ナリ
31	2	動詞	1	候	4	サウラフ
32	2	固有名詞	2	月氏	4	グワツシ
33	2	助詞	1	に	1	ニ
34	2	数詞	6	一千二百餘年	11	イッセンニヒヤクヨネン
35	2	固有名詞	2	漢土	3	カンド
36	2	助詞	1	に	1	ニ
37	2	数詞	4	二百餘年	7	ニヒヤクヨネン
38	2	助詞	1	を	1	ヲ
39	2	動詞	1	經	1	ヘ
40	2	助詞	1	て	1	テ
41	2	普通名詞	1	後	2	ノチ
42	3	助詞	1	に	1	ニ
43	3	固有名詞	3	日本國	5	ニホンコク
44	3	助詞	1	に	1	ニ
45	3	動詞	2	渡り	3	ワタリ
46	3	助詞	1	て	1	テ
47	3	副詞	2	既に	3	スデニ
48	3	数詞	4	七百餘年	8	シチヒヤクヨネン
49	3	助動詞	2	なり	2	ナリ
50	3	普通名詞	1	佛	3	ホトケ

図 7　入力データの一部(文献 S14)

（**2**）つぎに t 統計量を用いて抽出した変数を用いて 50 編の文献をクラスター分析にかけ，真贋が不明の 5 編の文献を除いた残りの 45 編の文献が，日蓮の著作のクラスターと日蓮以外の著作のクラスターに分かれるかどうかを調べる．ただし分析に用いた日蓮関係の文献には日蓮の著作あるいは贋作と断定できない多少曖昧さが残る文献も含まれているため，分析では日蓮の文献が誤って日蓮以外の人物のクラスターに含まれるか，あるいは，日蓮以外の人物の文献が日蓮の文献のクラスターに含まれるといったような，誤分類された文献の数が 7 つ以内ならば，45 編の文献はほぼ日蓮の著作のクラスターと日蓮以外の人物の文献のクラスターに 2 分されていると考えることにした．

なお文献によっては，漢文体の文献や一部漢文体の文章が含まれる文献がある．漢文体の文章については読み下してデータを作成したが，漢文の多寡が分析に影響することも考えられたので，漢文の量の多寡で修正をほどこした値と，修正をほどこさないそのままの値の両方で分析をおこなった．

図 8 は，文の構造に関する情報を用いたクラスター分析の結果（デンドログラム）の一例である．分析に用いた情報（変数）は

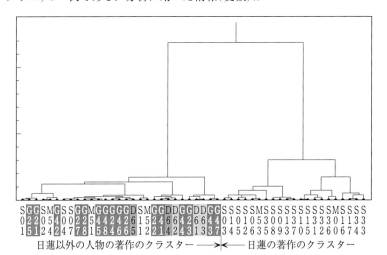

図 **8** 文の構造に関する情報を用いたクラスター分析の結果（表 2 のケース 1 の場合）

接尾語の使用率，固有名詞から固有名詞への接続割合，固有名詞から接尾語への接続割合，動詞から接尾語への接続割合，接尾語から普通名詞への接続割合，接尾語から助詞への接続割合，助動詞から接尾語への接続割合，（接尾語/名詞）の割合，（接尾語/動詞）の割合，（接尾語/形容動詞）の割合，（接尾語/助詞）の割合，接尾語に関する Yule の K 特性値，文頭が接続詞である割合，…

などの33変数である．分析におけるクラスターの結合法はウォード法で標準化平方ユークリッド距離を用いている．

　この分析結果をみると，5編の文献が誤分類されているものの，45編の文献は日蓮の著作のクラスターと日蓮以外の人物の著作のクラスターのほぼ2つに分かれていると見做せる．真贋が不明の5編の文献に関しては，(M00)『三大秘法禀承事』，(M53)『諸法實相鈔』の2編は日蓮の著作のクラスターに含まれ，(M51)『聖愚問答鈔』，(M52)『生死一大事血脈鈔』，(M54)『日女御前御返事』の3編は，日蓮以外の人物の著作のクラスターに含まれている．

　真贋判定をより確実なものとするため，分析に用いる文の構造に関する変数およびクラスターの結合方法を変えて分析を繰り返し，誤分類された文献が7編以内の分析結果の15ケースをまとめたのが表2である．

　この表2からもわかるように，文の構造に関する情報を用いた分析からは，(M00)『三大秘法禀承事』，(M54)『日女御前御返事』の2編は日蓮の文章と同じ特徴を有していることがわかる．

　図9は言葉に関する情報を用いた分析結果(デンドログラム)の一例である．この分析に用いた情報(変数)はつぎの15の言葉の出現率である．

　　所(形式名詞)，これ(代名詞)，是(代名詞)，が(助詞)，ども(助詞)，にて(助詞)，より(助詞)，大(接頭語)，第(接頭語)，等(接尾語)，是の(連体詞)，況や(副詞)，何ぞ(副詞)，乃至(接続詞)，故に(接続詞)

クラスターの結合法は最長距離法で，平方ユークリッド距離を用いている．文の構造に関する情報を用いた分析例と同様に，45編の文献は日蓮の著作

表 2 文の構造に関する情報を用いたクラスター分析結果(○印は日蓮のクラスターに含まれた場合,×印は含まれなかった場合)

ケース番号	変数の数	文献間の距離	漢文比率による修正	結合手法	真贋が問題となっている文献				
					M00	M51	M52	M53	M54
1	33	標準化平方ユークリッド距離	有	ウォード法	○	×	×	○	×
2	14	標準化平方ユークリッド距離	有	ウォード法	○	×	×	×	○
3	13	標準化平方ユークリッド距離	有	可変法	○	×	×	×	○
4	20	標準化平方ユークリッド距離	無	可変法	○	×	×	×	○
5	10	標準化平方ユークリッド距離	無	最長距離法	○	×	×	×	○
6	20	標準化平方ユークリッド距離	有	最長距離法	○	×	×	×	○
7	20	標準化平方ユークリッド距離	有	可変法	○	×	×	○	○
8	10	標準化平方ユークリッド距離	有	最長距離法	○	×	×	×	○
9	9	標準化平方ユークリッド距離	有	可変法	○	×	×	×	○
10	12	標準化平方ユークリッド距離	有	最長距離法	○	×	×	×	○
11	12	標準化平方ユークリッド距離	有	可変法	○	×	×	×	○
12	45	標準化平方ユークリッド距離	無	可変法	○	×	×	×	○
13	14	標準化平方ユークリッド距離	有	ウォード法	○	×	×	×	○
14	14	標準化平方ユークリッド距離	有	可変法	○	×	×	×	○
15	7	標準化平方ユークリッド距離	有	ウォード法	○	×	×	×	○

と日蓮以外の人物の文献のクラスターにほぼ分かれており,(M00)『三大秘法禀承事』と,(M54)『日女御前御返事』は日蓮の著作のクラスターに含まれ,(M51)『聖愚問答鈔』,(M52)『生死一大事血脈鈔』,(M53)『諸法實相鈔』は日蓮以外の人物の著作のクラスターに含まれている.

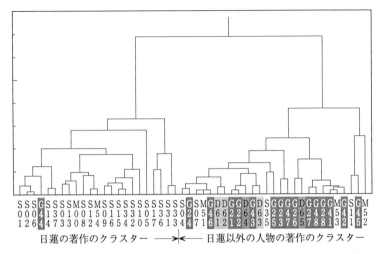

図 9　単語に関する情報を用いたクラスター分析の結果(表 3 のケース 5 の場合)

　文の構造に関する情報の場合と同様に,分析に用いる言葉を変え,また文献間の類似度を測る距離や,クラスターの結合方法を変えて分析を繰り返し,誤分類された文献の数が 7 編以内の分析結果 10 ケースををまとめたのが表 3 である.

　ここに示した文の構造に関する情報を用いたクラスター分析の結果(表 2)や,単語に関する情報を用いたクラスター分析の結果(表 3)をみるかぎりでは,(M00)『三大秘法禀承事』および(M54)『日女御前御返事』は日蓮の著作と判断してよいように思われる.いっぽう(M51)『聖愚問答鈔』,(M52)『生死一大事血脈鈔』,(M53)『諸法實相鈔』の 3 編は,贋作の可能性がかなり高いと判断される.

表 3 単語に関する情報を用いたクラスター分析の結果(○印は日蓮のクラスターに含まれた場合，×印は含まれなかった場合)

ケース番号	変数の数	文献間の距離	結合手法	真贋が問題となっている文献				
				M00	M51	M52	M53	M54
1	16	平方ユークリッド距離	最長距離法	○	×	×	×	○
2	15	標準化平方ユークリッド距離	最長距離法	○	○	○	×	○
3	15	平方ユークリッド距離	最長距離法	○	×	×	×	○
4	15	平方ユークリッド距離	最長距離法	○	×	×	×	○
5	15	平方ユークリッド距離	最長距離法	○	×	×	×	○
6	14	平方ユークリッド距離	最長距離法	○	×	×	×	○
7	14	平方ユークリッド距離	ウォード法	○	×	×	×	○
8	13	平方ユークリッド距離	最長距離法	○	×	×	×	○
9	13	平方ユークリッド距離	最長距離法	○	×	×	×	○
10	12	平方ユークリッド距離	最長距離法	○	×	×	×	○

4.2 『源氏物語』の計量分析

わが国古典文学の最高峰とされる『源氏物語』は紫式部(970?-1019?)の自筆原稿が存在せず，写本で伝えられてきた．そのため，『源氏物語』54巻(表 4)がすべて紫式部によって書かれたかどうかという基本的なことに関しても，古くから疑問が出されており，たとえば，宇治を舞台とする(巻45)「橋姫」以後の 10 巻(まとめて「宇治十帖」と呼ばれている)を，式部の娘の大弐の三位(藤原賢子)の作とする「宇治十帖」後記説など，数多くの著者複数説が出されてきた．このほか，54 巻の成立順序や成立時期，書写者による部分的な補筆の可能性などに関しても疑問が出されており，これらの問題の多くは，いぜんとして未解決のまま今日にもち越されている．

表 4 『源氏物語』54 巻の巻名

巻番号	巻名	巻番号	巻名	巻番号	巻名
1	桐壺	19	薄雲	37	横笛
2	帚木	20	朝顔	38	鈴虫
3	空蟬	21	少女	39	夕霧
4	夕顔	22	玉鬘	40	御法
5	若紫	23	初音	41	幻
6	末摘花	24	胡蝶	42	匂宮
7	紅葉賀	25	蛍	43	紅梅
8	花宴	26	常夏	44	竹河
9	葵	27	篝火	45	橋姫
10	賢木	28	野分	46	椎本
11	花散里	29	行幸	47	総角
12	須磨	30	藤袴	48	早蕨
13	明石	31	真木柱	49	宿木
14	澪標	32	梅枝	50	東屋
15	蓬生	33	藤裏葉	51	浮舟
16	関屋	34	若菜 上	52	蜻蛉
17	絵合	35	若菜 下	53	手習
18	松風	36	柏木	54	夢浮橋

　このような未解決の問題を解明するため，池田亀鑑編著『源氏物語大成』(中央公論社，1984)にもとづき，図 10 のような，文章を単語に分割し，各単語に品詞情報，活用形の情報など計量分析に必要な情報を付加した 376,425 語のデータベースを構築した．

　今日，『源氏物語』の 54 巻は物語の構成の観点から，第 1 部：(巻 1)「桐壺」～(巻 33)「藤裏葉」，第 2 部：(巻 34)「若菜上」～(巻 41)「幻」，第 3 部：(巻 42)「匂宮」～(巻 54)「夢浮橋」の 3 部に分けるのが通説となっている．しかし，この分析においては，54 巻の成立順序や，後半の 10 巻(「宇治十帖」)の他作家説などの可能性を検討するため，表 5 のような A, B, C, D の 4 つのグループに分割した．

　図 11 は，『源氏物語』の各巻における助動詞の出現率を，図 12 は名詞の「こと」の出現率を，A, B, C, D の 4 グループに分けて示したものである．各グループ内での巻の並びは巻番号の大小順である．また図中の横線は各グループの平均出現率である．

```
0005-01 00010 いづれ 0312400 代名 A000 1-027 1-093 桐 イヅレ イツレ/イヅレ/0300/0/0009000
0005-01 00020 の 0000000 助詞 A000 1-027 1-093 桐 ノ ノ/ノ/2100/0/0009000
0005-01 00030 御時 2830400 名詞 A000 1-027 1-093 桐 御トキ トキ/トキ/0100/0/0039000
0005-01 00040 に 0000000 助詞 A000 1-027 1-093 桐 ニ ニ/ニ/2100/0/0009000
0005-01 00050 か 0000000 助詞 A000 1-027 1-093 桐 カ カ/カ/2100/0/0009000
0005-01 00060 . 0000000 無し A000 1-027 1-093 桐 @ @/@/0000/0/0000000
0005-01 00070 女御更衣 3176200 名詞 A000 1-027 1-093 桐 ニヨウゴカウイ ニヨウゴカウイ/ニヨウゴカウイ/0100/0/0009000
0005-01 00080 あまた 0157000 副詞 A000 1-027 1-093 桐 アマタ アマタ/アマタ/1400/0/0009000
0005-01 00090 さぶらひ 2076000 動詞 A000 1-027 1-093 桐 サブラヒ サブラフ/サブラフ/0701/0/0002000
0005-01 00100 給 2628200 補動 A000 1-027 1-093 桐 タマヒ タマフ/タマフ/0901/a/0002000
0005-01 00110 ける 0000000 助動 A000 1-027 1-093 桐 ケル ケリ/ケリ/2209/0/0004000
0005-01 00120 なか 2939000 動詞 A000 1-027 1-093 桐 ナカ ナカ/ナカ/0100/0/0009000
0005-01 00130 に 0000000 助詞 A000 1-027 1-093 桐 ニ ニ/ニ/2100/0/0009000
0005-01 00140 いと 0326800 副詞 A000 1-027 1-093 桐 イト イト/イト/1400/0/0009000
0005-01 00150 やむことなき 4305800 形容 A000 1-027 1-093 桐 ヤングトナシ ヤンゴトナシ/ヤンゴトナシ/1012/0/0004000
0005-01 00160 きは 1490600 名詞 A000 1-027 1-093 桐 キハ キハ/キハ/0100/0/0009000
0005-02 00010 に 0000000 助詞 A000 1-027 1-093 桐 ニ ニ/ニ/2100/0/0009000
0005-02 00020 は 0000000 助詞 A000 1-027 1-093 桐 ハ ハ/ハ/2100/0/0009000
0005-02 00030 あら 0203300 動詞 A000 1-027 1-093 桐 アラ アリ/アリ/0709/0/0001000
0005-02 00040 ぬ 0000000 助動 A000 1-027 1-093 桐 ヌ ズ/ズ/2220/0/0004200
0005-02 00050 か 0000000 助詞 A000 1-027 1-093 桐 ガ ガ/ガ/2100/0/1/0009000
0005-02 00060 すぐれ 2317600 動詞 A000 1-027 1-093 桐 スグレ スクル/スグル/0705/0/0002000
0005-02 00070 て 0000000 助詞 A000 1-027 1-093 桐 テ テ/テ/2100/0/0009000
0005-02 00080 時めき 2834400 動詞 A000 1-027 1-093 桐 トキメキ トキメク/トキメク/0701/0/0002000
0005-02 00090 給 2629000 補動 A000 1-027 1-093 桐 タマフ タマフ/タマフ/0901/a/0004000
0005-02 00100 あり 0203200 動詞 A000 1-027 1-093 桐 アリ アリ/アリ/0709/0/0002000
0005-02 00110 けり 0000000 助動 A000 1-027 1-093 桐 ケリ ケリ/ケリ/2209/0/0003000
0005-02 00120 。 0000000 無し A000 1-027 1-093 桐 @ @/@/0000/0/0000000
0005-02 00130 はじめ 3313800 名詞 A000 1-027 1-093 桐 ハジメ ハシメ/ハジメ/0100/0/0009000
0005-02 00140 より 0000000 助詞 A000 1-027 1-093 桐 ヨリ ヨリ/ヨリ/2100/0/0009000
0005-02 00150 我 4528400 代名 A040 1-027 1-093 桐 ワレ ワレ/ワレ/0300/0/0009000
0005-02 00160 は 0000000 助詞 A050 1-027 1-093 桐 ハ ハ/ハ/2100/0/0009000
0005-02 00170 と 0000000 助詞 A000 1-027 1-093 桐 ト ト/ト/2100/0/0009000
0005-02 00180 思あかり 0960000 動詞 A000 1-027 1-093 桐 オモヒアガリ オモヒアガル/オモヒアガル/0701/0/0002000
0005-02 00190 給へ 2629600 補動 A000 1-027 1-093 桐 タマヘ タマフ/タマフ/0901/a/0006000
0005-02 00200 る 0000000 助動 A000 1-027 1-093 桐 ル リ/リ/2209/0/0004000
0005-02 00210 御方方 1229600 名副 A000 1-027 1-093 桐 御カタガタ カタカタ/カタガタ/0400/0/0039000
```

図 10 『源氏物語』のデータベース,(巻 1)『桐壺』の冒頭部分

表 5 『源氏物語』54 巻のグループ化

グループ名	巻数	グループに含まれる巻の番号	備 考
A	17	1, 5, 7, 8, 9, 10, 11, 12, 13, 14, 17, 18, 19, 20, 21, 32, 33	紫の上系物語(第 1 部)
B	16	2, 3, 4, 6, 15, 16, 22, 23, 24, 25, 26, 27, 28, 29, 30, 31	玉鬘系物語(第 1 部)
C	11	34, 35, 36, 37, 38, 39, 40, 41	第 2 部
		42, 43, 44	匂宮三帖(第 3 部)
D	10	45, 46, 47, 48, 49, 50, 51, 52, 53, 54	宇治十帖(第 3 部)

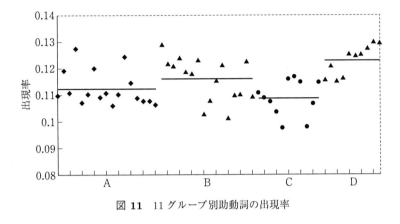

図 **11**　11 グループ別助動詞の出現率

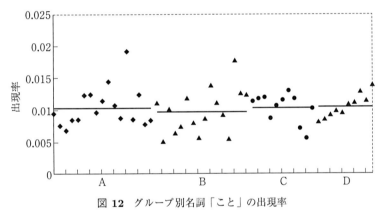

図 **12**　グループ別名詞「こと」の出現率

　図11, 図12ともに，Dグループに他のグループにはみられない一定の増加傾向がみられる．これ以外のいくつかの品詞や単語の出現率に関しても同様の増加傾向がみられるなど，DグループとA, B, Cの各グループとでは文章が多少異なるという結果が得られている．

　しかし，このような分析だけで「宇治十帖」他作家説を主張するのは危険である．「宇治十帖」他作家説に関しては，他の人物が紫式部の文章を模倣して書いた作品である『雲隠六帖』，『山路の露』，『手枕』や，『源氏物語』と成立時期が近い『うつほ物語』などの文章と比較するなど，より詳細な検討が必要である．

つぎに,『源氏物語』がすべて紫式部によって書かれたという前提のもとに,助動詞の出現率の分析から,A, B, C, Dの4つのグループの成立順序を検討してみる(村上,今西,1999).

『源氏物語』54巻に出現する助動詞は計26種で,総出現数は43,617回,全語数に占める助動詞の割合は0.116である.出現頻度の多い順に並べると,

> ず,む,たり,けり,なり,り,ぬ,き,べし,つ,る,す,めり,さす,らむ,らる,じ,けむ,まじ,まし,まほし,ごとし,らし,しむ,ます,むず

となる.

この26種の助動詞のうち,出現頻度が下位の5語については,これらの助動詞が出現する巻が54巻の半分の27巻にも満たないため,分析には用いないこととした.

図13は,残りの21種の助動詞の54巻での出現率を,数量化Ⅲ類で分析した結果である(横軸は第1成分,縦軸は第2成分).図の中の◆◇▲△はそれぞれA, B, C, Dの各グループに含まれる巻を示している(巻番号は省略).巻の配置は21種の助動詞の出現率が類似している巻ほど近くに位置

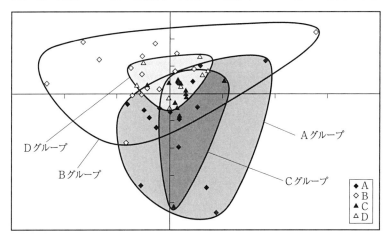

図 13　助動詞21種類の出現率を数量化Ⅲ類で分析した結果

するようになっている．各グループの巻が位置する範囲を線で囲ってみると，各グループに属する巻は，まったくバラバラに位置しているのではなく，グループごとにあるていどまとまっていることがわかる．つまり，同じグループに属する巻は，21種の助動詞の出現率が比較的類似しているということであり，表4のような54巻のグループ化の妥当性があるていど裏づけられたといえる．

さて図13においては，AグループとCグループが重なり，BグループとDグループが重なっている．AグループとBグループは，光源氏前半生の，栄華への道程を語るまとまった物語とされて，第1部を構成している．したがって，少なくともAグループとBグループの巻の文章は，Cグループ，Dグループの巻の文章よりは類似性が高く，助動詞の用い方も類似していると考えられる．もしそうであるならば，図13においてもAグループとBグループの領域が重なることが期待されたが，実際の分析の結果はそうなっておらず，2つのグループの間では助動詞の用い方に違いがあるように思われる．

同様のことがCグループとDグループに関してもいえる．このような第1部の中のAグループとBグループの間における助動詞の使用率の違いや，連続して執筆されたと考えられるCグループとDグループの巻における助動詞の使用率の違いをどのように考えたらよいのであろうか．

現在の巻序ではAグループの巻とBグループの巻が混在して並んでおり，このような巻の並び方からは両者が同時期に執筆されたという印象を受ける．しかし，分析結果をみるかぎりでは，AグループとBグループの巻の執筆時期は異なっていると考えたほうがよいようである．またCグループとDグループの間の違いから，Cグループの巻にひきつづいてDグループの巻が執筆されたとは考えにくい．いっぽう物語の内容の面からはAのグループが最初に，Dグループが最後に書かれたと考えて問題はないように思われる．もしそうであるなら，執筆順序に関するひとつの仮説として，A→B→C→Dではなく，A→C→B→Dという執筆順番が考えられる．しかし，この問題も助動詞の分析だけで判断するのはむずかしく，他の品詞等の分析や国文学の分野での詳細な検討を待たねばならない．

5　展望と文献案内

　電子化された文章の増加とコンピュータ科学の進展にともない，今後の著者推定・判別の問題では，コンピュータの威力を十分に利用した文体の特徴抽出，パターン識別技法，機械学習アルゴリズムなどの人工知能分野での研究成果が広く用いられると考えられる．

　文章から自動的に特徴を抽出する研究はいまだ初歩の段階ではあるが，いくつか興味深い研究成果が発表されている(Forsyth and Holmes, 1996; 竹田ほか，1999)．また，人工知能の分野で注目を集めているニューラルネットワークの技法，遺伝的アルゴリズム，サポートベクトルマシン(SVM)のような新しいパターン認識技法や機械学習アルゴリズムなどが著者の推定に応用され，そのパフォーマンスのよさが示されている(金，2003a, 2003b)．これらの研究はさらに進展するであろう．また統計学と機械学習で広く応用されているブートストラップ法や EM(expectation-maximization)アルゴリズムを文章の分類に用いる試みも始まっている(Jones $et\ al.$, 1999; McCallum and Nigam, 1999; Nigam $et\ al.$, 2000)．

　著者の推定における新しい方法論および技法については，実証の積み重ねが必要である．十分な実証の必要性を警告した例として，1990年初期，計量文体学の分野で大きな波紋を投げかけた累積和(cumulative sum 略して CUSUM)のグラフ手法に関する話題を紹介する．

　CUSUM グラフは生産管理などで用いられてきた統計グラフである．Bee(1971, 1972)は，動詞頻度の CUSUM グラフを用い，また，Michaelson $et\ al.$(1978)は，文の長さの CUSUM グラフを用いて著者の推定を試みた．1990年ごろには，Morton らが2つの変数の CUSUM グラフによる著者推定に関する2編の論文を内部資料として公開した(Morton and Michaelson, 1990; Morton, 1991)．

　Morton らは，文の長さの分布と各文のなかに現われる「短い単語」(2

〜3 文字の単語），「母音単語」（母音で始まる単語），あるいは「短い単語」と「母音単語」の特別な組み合わせの使用頻度に著者のクセが現われると考えて，文の長さ，各文のなかで現われた単語の頻度（たとえば，短い単語，母音単語など）の 2 つの CUSUM グラフを著者推定に用いた．Morton らはこの方法を QSUM と呼んだ．

　QSUM は，2 つの CUSUM グラフの近似の度合による比較分析の方法であるが，十分な実証研究がおこなわれないまま，著者に疑いがある陳述文を解明するため，いくつかのイギリスの法廷で用いられた．たとえば，1991 年 7 月のロンドンの Tommy McCrosen の上告，1991 年 12 月のダブリンでの Vincent Connell の裁判，1992 年 4 月アイルランドの政府による Nicky Kelly の恩赦，Carl Brigewater 殺人事件などである．しかし QSUM 方法の正当性について疑問が提起され，その疑いは英国のテレビ番組（BBC; Tomorrow's world and Chanel 4's street-legal）が取り上げ，かつ印刷物として公開された．

　その後，いくつかの研究グループが調査研究をおこない，QSUM 手法は信頼できないという結果を出している（Stanford *et al.*, 1994; Holmes, 1998）．

　コンピュータによる現代の計量文体学の研究は，あくまでも人間の脳でおこなっている文体の識別や分類（感性的なものを含む）を機械化したものにすぎないと考えてよい．この意味で，現代の計量文体学と伝統的な文体学とが矛盾することはない．

　最後に著者推定，計量文体分析に関する参考文献を紹介する．近年の参考書としては長瀬と西村（1986），安本と本多（1988），村上（1994b），吉岡（1996），斎藤ほか（1998），村上と金（1998），伊藤（2002），村上（2002）などがある．

　長瀬と西村（1986）は，1980 年ごろオックスフォード大学計算機センターが開発した，OCP と呼ばれる文章解析プログラムの紹介と使用の説明を主とした専門書であるが，第 1 章（p. 10-49）で，著者の推定に関する研究を概説している．

　安本と本多（1988）は因子分析の専門書であるが，両氏が長年研究しつづけた因子分析による文章・言語の計量分析が例題として挙げられている．

村上(1994b)は，著者の推定研究に必要となる統計基礎知識から，著者の推定研究の歴史，日本における最新研究までを網羅した専門書である．

吉岡(1996)は，オックスフォード大学 St. Jones College の名誉教授 Anthony Kenny の著書 "The Computation of Style"(1982, Pergamon Press : Oxford) の和訳である．本書は，数学を苦手とする人文科学研究者を対象とした，計量文体分析に必要となる統計基礎知識を主とした入門書である．付録には，「計量文体研究の展望」という題で，訳者による計量文体分析の歴史，現状，事例が述べられている．この Anthony Kenny の本の姉妹篇 "A Stylometric Study of the New Testament"(1986)は，計量文体学に関する専門著書である．

斎藤ほか(1998)は英語のコーパスに関する専門書で，「コーパスにもとづいた文体論研究」(pp.167-187)という1章を設け，著者推定・計量文体について述べている．

村上と金(1998)は，数学を苦手とする人文科学研究者を対象とした文章の数理的研究の入門書で，文章，言語などから得られたデータを具体的な例として多変量データ解析，ニューラルネットワークやラフ集合理論にもとづいたルール抽出法等の方法も紹介している．

伊藤(2002)は，言語学者の立場からのコンピュータを用いた言語の計量分析に関する入門書である．言語および計量分析に関する基礎知識がていねいに解説されている．

村上(2002)は，文化の計量分析に関する専門書であり，文化の計量分析に関する基礎知識のほか「文を計る」，「美を計る」，「古代を計る」に分けて文化に関連する3つの研究分野の最新成果をまとめている．その内「文を計る」では，著者が二十数年前から今日に至るまでおこなっている文献計量に関する研究のおもな成果をわかりやすくまとめている．

統計手法による著者推定に関する論文は，従来 "*Biometrika*", "*Journal of the Royal Statistical Society*", "*Journal of the American Statistical Association*" のような統計専門誌に多くみられたが，近年は『計量国語学』，"*Literary and Linguistic Computing*", "*Computer and the Humanities*", "*Journal of Quantitative Linguistics*" のような専門誌にその研究成果が多

くのるようになった.

　『計量国語学』は 1957 年から日本計量国語学会の論文誌として発行されており,世界でもっとも古い計量言語学の専門誌である.*"Literary and Linguistic Computing"* は,1985 年からオックスフォード大学の出版社で発行されている "Association for Literary and Linguistic Computing"(1973 年設立)の学会論文誌で,計算と情報工学のアプローチによる文学と言語学の研究専門誌である.*"Computers and Humanities"* は,人文科学分野でのコンピュータの応用に関連する研究成果を公表するため,1966 年から刊行されている論文誌であり,伝統的な人文科学,芸術,言語,メディアとハイパーテキスト理論などに関連する広い分野におけるコンピュータ支援に関する内容を扱っている.*"Journal of Quantitative Linguistics"* は,言語と文章における計量的な研究の成果の公開と議論の場を提供するために 1994 年から発行されている国際ジャーナルである.

参考文献

英　文

Antosch, F. (1969): The diagnosis of literary style with the verb-adjective ratio. L. Doleszel and R. W. Bailey (eds.): In Statistics and Style. American Elsevier: New York.

Aoyama, H. and Constable, J. (1999): Word length frequency and distribution in English: Part I Prose. *Literary and Linguistic Computing*, **14**(3), 339–359.

Becker, C. (1996): Word lengths in the letters of the Chilean author Gabriela Mistral. *Journal of Quantitative Linguistics*, **3**(2), 128–131.

Bee, R. E. (1971): Statistical methods in the study of the Masoretic text of the old testament. *Journal of the Royal Statistical Society*, A, **134**, 611–622.

Bee, R. E. (1972): A statistical study of the Sinai Pericope. *Journal of the Royal Statistical Society*, A, **135**, 406–421.

Best, K. -H. (1996): Word length in old Icelandic songs and prose texts. *Journal of Quantitative Linguistics*, **3**(2), 97–105.

Brinegar, C. S. (1963): Mark Twain and the quintus Curtius Snodgrass letters: A statistical test of authorship. *Journal of the American Statistical Association*, **58**, 85–96.

Brunet, E. (1978): Vocabulaire de jean Giraudoux: Structure et évolution. Gené Slatkine.

Burrows, J. F. (1987): Computation into Critisim: A study of Jane Austen's Novels and an Experiment in Method. Clarendon Press: Oxford.

Campbell, L. (1867): The Sophistes and Politicus of Plato. Clarendon Press: Oxford.

Canter, D. (1992): An Evaluation of the 'Cusum' stylistic analysis of confession. *Expert Evidence*, **1**, 93–99.

Cohen, W. W. and Singer, Y. (1996): Context-sensitive learning methods for text categorization. *SIGIR '96: Proceedings of the 19th Annual International A ACM SIGIR Conference on Research and Development in Information Retrieval*, 307–315.

Constable, J. and Aoyama, H. (1999): Word length frequency and distribution in English: Part Ⅱ. An empirical and mathematical examination of the character and consequences of Isometric lineation. *Literary and Linguistic Computing*, **14**(4), 507–535.

Cossette, A. (1994): La Richesse Lexicale et sa Mesure. Number 53 in Travaux de Linguistique Quantitative. Slatkine-Chanpion, Geneva: Paris.

Cotes, C. and Vapnic, V. (1995): Support vector networks. *Machine Learning*, **20**, 273-295.

Cover, T. and Hart, P. (1967): Nearest neighbor pattern classification. *IEEE Transaction on Information Theory*, **13**, 21-27.

Cox, D. R. and Brandwood, L. (1959): On a discriminatory problem connected with the works of Plato. *Journal of the Royal Statistical Society*, B, **21**, 195-200.

Creecy, R. H., Masand, B. M., Smith, S. J. and Waltz, D. L. (1992): Trading maps and memory for knowledge engineering: classifying census returns on the connection machine. *Comm. ACM*, **35**, 48-63.

Crystal, D. (1987): The Cambridge Encyclopedial of Language. Cambridge University Press: Cambridge.

De Morgan, S. E. (1882): Memoir of Augustus de Morgan by his wife Sophia Elizabeth de Morgan with selection from his letters. Longman, Green and Co.

Desaratthy, B. V. (1991): Nearest Neighbor (NN) Norms: NN Pattern Classification Techniques, McGraw-Hill Computer Science Series. Las Alamitos, California, IEEE Computer Society Press.

Duda, R. O. and Hart, P. E. (1973): Pattern Classification and Scene Analysis. John Wiley & Sons.

Dugast, D. (1978): Sur quoi se fonde la notion étendue théoretique du vocabulaire?. *Le francais moderne*, **46**(1), 25-32.

Dugast, D. (1979): Vocabulaire et Stylistique. I Théâtre et Dialogue. Travaux de Linguistique Quantitative. Slatkine-Champion, Geneva: Paris.

Efron, B. and Thisted, R. (1976): Estimating the number of unseen species: How many words did Shakespeare know?. *Biometrika*, **63**(3), 435-447.

Ellegård, A. (1962a): A Statistics method for determining authorship: The Junius letter 1769-1772. Gothenburg Studies in English, 13, University of Gotenborg, Sweden.

Ellegård, A. (1962b): Who was Junius?. Almgrist & Wiksell: Stockholm.

Forsyth, R. S. and Holmes, D. I. (1996): Feature-finding for text classification. *Literary and Linguistic Computing*, **11**(4), 163-174.

Frischen, J. (1996): Word length analysis of Jane Austen's letters. *Journal of Quantitative Linguistics*, **3**(1).

Fucks, W. (1952): On mathematical analysis of style. *Biometrika*, **39**, 122-129.

Fucks, W. (1954): On Nahordnung and Fernordnung in samples of literary texts. *Biometrika*, **41**, 116-132.

Good, I. J. (1953): The population frequencies of species and estimation of population parameters. *Biometrika*, **40**, 237-264.

Guiraud, H. (1954): Les Caractéres Statistiques du Vocabulaire. Presses Universitaires de France: Paris.

Han, J. and Kamber, M. (2000): Data Mining: Concept and Techniques. Morgan Kaufmann.

Hardcastle, R. A. (1993): Forensic linguistics: An assessment of the CUSUM method for the determination of authorship. *Journal of the Forensic Science Society*, **33**, 95–106.

Hardcastle, R. A. (1997): CUSUM: A credible method for the determination of authorship?. *Science and Justice*, **37**, 129–138.

Herdan, G. (1958): The relation between the dictionary distribution and the occurrence distribution of word length and its importance for the study of quantitative linguistics. *Biometrika*, **45**, 222–228.

Herdan, G. (1960): Type-Token Mathematics: A Textbook of Mathematical Linguistics. S-Gravenhage Mouton.

Holmes, D. I. (1985): The analysis of literary style. *A Review, Journal of the Royal Statistical Society.* A, **148**, 328–341.

Holmes, D. I. (1991): Vocabulary richness and the prophetic voice. *Literary and Linguistic Computing*, **6**(4), 159–168.

Holmes, D. I. (1994): Authorship attribution. *Computer and the Humanities*, **28**(2), 87–106.

Holmes, D. I. (1998): The evolution of stylometry in humanities scholarship. *Literary and Linguistic Computing*, **13**(3), 111–117.

Holmes, D. I. And Forsyth, R. S. (1995): The federalist revisited: New directions in authorship attribution. *Literary and Linguistic Computing*, **10**(2), 112–127.

Holmes, D. I. And Singh, A. (1996): A stylometric analysis of conversational speech of aphasic patients. *Literary and Linguistic Computing*, **11**(3), 132–140.

Holmes, D. I. and Tweedie, F. J. (1995): Forensic stylometry: A review of the Cusum controversy. In revue Informatique et Statistique dans les Sciences Humaines. University of Liege, Belgium, 18–47.

Honoré, A. (1979): Same simple measures of richness of vocabulary. *Association for Literary and Linguistic Computing Bulletin*, **7**(2), 172–177.

Hoorn, J. F., Frank, S. L., Kowalczyk, W. and Ham, F. (1999): Neural network identification of poets using letter sequences. *Literary and Linguistic Computing*, **14**(3), 311–338.

Jin, M. and Murakami, M. (1993): Authors' characteristic writing styles as seen through their use of commas. *Behaviormetrika*, **20**, 63–76.

Jones, R., McCallum, A., Nigam, K. and Riloff, E. (1999): Bootstrapping for text learning tasks. In *IJCAI-99 Workshop on Text Mining Foundations, Techniques and Applications*, 52–63.

Kjell, B. (1994): Authorship determination using letter pair frequency features with neural network classifiers. *Literary and Linguistic Computing*, **9**(2), 119-124.

Lelyveld, J. (1985): A scholar's find: Shekespearean lyric. *New York Times* (November 24, 1985), 1, 12. With correction of 'Editor's Note', (November 25, 1985), 2.

Lewis, D. D. (1998): Navie (Bayes) at Forty: The independence assumption in information retrieval. In *Proceedings of ECML-98, 10th European Conference on Machine Learning*, 4-15.

Lewis, D. D., Schapir, R. E., Callan, J. P. and Papka, R. (1996): Training algorithms for linear text classifiers. *SIGIR '96: Proceedings of the 19th Annual International A ACM SIGIR Conference on Research and Development in Information Retrieval*, 298-306.

Maas, H. -D. (1972): Zusammenhang zwischen Wortschatzumfang und lünge eines Texts. *Zeitschrift für Literaturwissenschaft und Linguistik*, **8**, 73-79.

Manning, C. D. and Schütze, H. (2000): Fundation of Statistical Natural Language Processing. The Massachusetts Institute of Technology.

Matthews, R. A. J. and Merriam, T. V. N. (1993): Neural computation in stylometry I: An application to the works of Shakespeare and Fletcher. *Literary and Linguistic Computing*, **8**(4), 203-210.

McCallum, A. and Nigam, K. (1999): Text classification by bootstrapping with keywords, Em and Shrinkage. In *ACL '99 Workshop for Unsupervised Learning in Natural Language Processing*, 52-58.

Ménard, N. (1983): Mesuré la richesse Lexicale. Théorie et verifications expérimentales. Etudes stylométriques et sociolinguistiques. Number 14 in Travaux de Linguistique Quantitative. Slatkine-Champion, Geneva: Paris.

Mendenhall, T. C. (1887): The characteristics curves of composition. *Science*, IX, 237-249.

Mendenhall, T. C. (1901): A mechanical solution of a literary problem. *Popular Science Monthly*, **60**, 97-105.

Merriam, T. V. N. and Matthews, R. A. J. (1994): Neural computation in stylometry II: An application to the works of Shakespeare and Marlowe. *Literary and Linguistic Computing*, **9**, Issue 1, 1-6.

Meyer, P. (1997): Word-length distribution in Inuktitut narratives: Empirical and theoretical findings. *Journal of Quantitative Linguistics*, **4**(1-3), 143-155.

Michaelson, S., Morton, A. Q. and Wake, W. C. (1978): Sentence length distributions in Homer and Hexameter Verse. *Association for Literary and Linguistic Computing Bulletin*, **6**(3), 254-267.

Morton, A. Q. (1965): The authorship of Greek prose. *Journal of the Royal Statistical Society*, A, **128**, 169-233.

Morton, A. Q. (1991): Proper words in proper places. Technical report 91/R18. Computing Science Department, University of Glasgow.

Morton, A. Q. and Michaelson, S. (1990): The QSUM Plot. Technical report CSR-3-90. University of Edinburgh.

Mosteller, F. and Wallace, D. L. (1963): Inference in an authorship problem. *Journal of the American Statistical Association*, **58**, 275–309.

Mosteller, F. and Wallace, D. L. (1964): Inference and Disputed Authorship: The Federalist Reading. Addison-Wesley: Massachusetts.

Nigam, K., McCallum, A. K., Throun, S. and Mitchell, T. (2000): Text classification for labeled and unlabeled documents using EM. *Machine Learning*, **39**, 103–134.

Orlov, Y. K. (1983): Ein Model der Häufigkeitsstruktur des Vokabulars. In Studies on Zipf's Law. Bochum: Brockmeyer, 154–233.

Palme, H. (1949): Versuch einer Statistischen Auswertung des Alltöglicen. Shreibstils.

Pawlak, Z. (1984): Rough classification. *International Journal of Man-Machine Studies*, **20**, 469–485.

Riedemann, H. (1996): Word-length distribution in English press texts. *Journal of Quantitative Linguistics*, **3**(3), 265–271.

Robertson, S. E. and Sparck Jones, K. (1976): Relevance weeighting of search terms. *Journal of the American Society for Information Science*, **27**(3), 129–146.

Rottmann, O. (1997): Word-length counting in old church Slavonic. *Journal of Quantitative Linguistics*, **4**(1–3), 252–256.

Rottmann, O. (1999): Word and syllable lengths in East Slavonic. *Journal of Quantitative Linguistics*, **6**(3), 235–238.

Sebastiani, F. (2002): Machine learning in automated text categorization. *ACM Computing Surveys*, Vol. 34, No. 1, 1–47.

Sherman, L. A. (1888): Some observations upon the sentence-length In English prose. *University [of Nebraska] Studies*, **1**, 119–130.

Sichel, H. S. (1974): On a distribution representing sentence-length in written prose. *Journal of the Royal Statistical Society*, A, **137**, 25–34.

Sichel, H. S. (1975): On a distribution law for word frequencies. *Journal of the American Statistical Association*, **70**, 524-547.

Sichel, H. S. (1986): Word frequency distributions and type-token characteristics. *Mathematical Scientist*, **11**, 45–72.

Simpson, E. H. (1949): Measurement of diversity. *Nature*, **163**, 688.

Smith, M. W. A. (1983): Recent experience and new developments of methods for the determination of authorship. *Association for Literary and Linguistic*

Computing Bulletin, **11**, 73–82.

Stanford, A. J., Aked, J. F., Moxley, L. M. and Mullin, J. (1994): A critical examination of assumptions underlying the Cusum technique of forensic linguistics. *Forensic Linguistics*, **1**, 151–167.

Tallentire, D. R. (1972): An appraisal of methods and models in computational stylistics, with particular reference to author attribution, PH. D. thesis. University of Cambridge.

Taylor, G. (1985): Shakespeare's new poem: A scholar's clues and conclusion. *New York Times Book Review* (December 15), 11–14.

Thisted, R. and Efron, B. (1987): Did Shakespeare write a newly-discovered poem?. *Biometrika*, **74**, 445–455.

Thoiron, P. (1986): Diversity index and entropy as measures of lexical richness. *Computers and the Humanities*, **20**, 197–202.

Tuldava, J. (1977): Quantitative relations between the size of the text and the size of vocabulary. *SMIL Quarterly, Journal of Linguistic Calculus*, **4**.

Tweedie, F. J. and Baayen, R. H. (1998): How variable may a constant be? Measures of lexical richness in perspective. *Computers and the Humanities*, **32**, 323–352.

Tweedie, F. J., Singh, S. and Holmes, D. I. (1996): Neural network application in stylometry: The Federalist Papers. *Computers and the Humanities*, **30**, 1–10.

Valenza, R. J. (1991): Are the Thisted-Efron authorship test valid?. *Computers and the Humanities*, **25**(1), 27–46.

Vapnic, V. (1995): The Nature of Statistical Lerning Theory. Springer: New York.

Wake, W. C. (1957): Sentence-length distributions of Greek authors. *Journal of the Royal Statistical Society*, A, **120**, 331–346.

Waugh, S., Adams, A. and Tweedie, F. (2000): Computational stylistics using artificial neural networks. *Literary and Linguistic Computing*, **15**(2), 187–198.

Weitzman, M(1971): How useful is the logarithmic type-token ratio?. *Journal of Linguistics*, **7**, 237–243.

Wiener, E. , Pedersen, J. O. and Weigend, A. S. (1995): A neural network approach to topic spotting. In *Proceedings of the Fourth Annual Symposium on Document Analysis and Information Retrieval (SDAIR'95)*.

Williams, C. B. (1940): A note on the statistical analysis of sentence-length as a criterion of literary style. *Biometrika*, **31**, 356–361.

Williams, C. B. (1975): Mendenhall's studies of word-length distribution in the works of Shakespeare and Becon. *Biometrika*, **62**, 207–211.

Yang, Y. (1997): An evaluation of statistical approaches to text categorization.

Technical Report CMU-CS-97-127. Computer Science Department, Carnegie Mellon University.

Yang, Y. (1999): An evaluation of statistical approaches to text categorization. *Journal Information Retrieval*, **1**(1/2), 67-88.

Yang, Y and Chute, C. G. (1994): An example-based mapping method for text categorization and retrieval. *ACM Transaction on Information Systems (TOIS)*, 253-277.

Yang, Y. and Liu, X. (1999): A re-examination of text categorization methods. *Proceedings of ACM SIGIR Conference on Research and Development in Information Retrieval(SIGIR)*, 42-49.

Yule, G. U. (1938): On sentence-length as a statistical characteristic of style in prose, with appilication to two cases of disputed authorship. *Biometrika*, **30**, 363-390.

Yule, G. U. (1944): The Statistical Study of Literary Vocabulary. Cambridge Univesity Press.

Ziegler, A. (1996): Word length distribution in Brazilian-Portuguese texts. *Journal of Quantitative Linguistics*, **3**(1).

Zipf, G. K. (1932): Selected Studies of the Principle of Relative Frequenscy in Language. Harvard University Press: Cambridge, Massachusetts.

Zuse, M. (1996): Distribution of word length in early modern English letters of Sir Philip Sidney. *Journal of Quantitative Linguistics*, **3**(3), 272-276.

邦 文

アンソニー・ケニィ(著)吉岡健一(訳)(1996): 文章の計量. 南雲堂.

伊藤雅光(2002): 計量言語学入門. 大修館書店.

大滝厚, 堀江宥治, Dan Steinberg(1998): 応用2進木解析法. 日科技連.

奥田康誠(1998): 「読点と書き手の個性」における結果とその考察. 名古屋大学理学部数理科学科尾畑伸明研究室, 卒業論文集.

樺島忠夫(1990): 日本語のスタイルブック. 大修館書店.

樺島忠夫, 寿岳章子(1965): 文体の科学. 綜芸舎.

金明哲(1994a): 自然言語におけるパターンに関する計量的研究. 総合大学院大学, 学位論文.

金明哲(1994b): 読点の打ち方と著者の文体特徴. 計量国語学, **19**(7), 317-330.

金明哲(1995): 動詞の長さの分布に基づいた文章の分類と和語および合成語の比率. 自然言語処理, Vol.2, No.1, 57-75.

金明哲(1996a): 動詞の長さの分布と文章の書き手. 社会情報, **5**(2), 13-22.

金明哲(1996b): 助詞分布に基づいた文章の書き手の認識. 人文科学における数量的分析論文集(文部省科学研究費・重点領域研究), 49-54. 行動計量学会第24回大会論文抄録集, 144-147.

金明哲(1997)：助詞の分布に基づいた日記の書き手の認識．計量国語学，**20**(8)，357-367．
金明哲(1998)：助詞分布における書き手の識別ルールの抽出．言語処理学会第 4 回年次大会予稿集．
金明哲(2001)：助詞の n-gram 分布に基づいた書き手の識別．日本行動計量学会第 29 回大会抄録集，298-299．
金明哲(2002a)：助詞の分布における書き手の特徴に関する計量分析．社会情報，Vol.11, No.2, 15-23．
金明哲(2002b)：助詞の n-gram モデルに基づいた書き手の識別．計量国語学，**23**(5)，225-240．
金明哲(2003a)：自己組織化マップと助詞分布を用いた書き手の同定及びその特徴分析．計量国語学，**23**(8)(予定)．
金明哲(2003b)：SIR に基づいたテキストの分類——書き手の別の分類を中心として．言語処理学会第 9 回発表論文集．
金明哲，樺島忠夫，村上征勝(1993a)：読点と書き手の個性．計量国語学，**18**(8)，382-391．
金明哲，樺島忠夫，村上征勝(1993b)：手書きとワープロによる文章の計量分析．計量国語学，**19**(3), 133-145．
金明哲，宮本加奈子(1999)：ラフな意味情報に基づいた文章の自動分類．言語処理学会第 5 回年次大会発表論文集，235-238．
黒橋禎夫，長尾真(1998)：日本語形態素解析システム JUMAN．http://www-nagao.kuee.kyoto-u.ac.jp/nl-resource/juman.html．
斎藤俊雄，中村純作，赤野一郎(1998)：英語コーパス言語学．研究社出版．
佐々木和技(1976)：文の長さの分布．計量国語学，**78**, 13-22．
竹田正幸，福田智子，南里一郎，山崎真由美(1999)：和歌データベースにおける特徴パターン発見．情報処理学会論文誌，**40**(3), 783-795．
長瀬眞理，西村弘之(1986)：コンピュータによる文章の解析入門——OCP への招待．オーム社．
中野明(1993)：日本語の文体．岩波書店．
西田直敏(1992)：文章・文体・表現の研究．和泉書院．
韮沢正(1965)：由良物語の著者の統計的判別．計量国語学，**33**．
波多野完治(1950)：文章心理学．新潮社．
松浦司，金田康正(2000)：n-gram の分布を利用した近代日本文の著者推定．計量国語学，**22**(6), 225-238．
松本裕二ほか(1998)：日本語形態素解析システム Chasen．http://cactus.aist-nara.ac.jp/lab/nlt/chasen.html．
村上征勝(1994a)：計量的文体研究の威力と成果．言語，**23**(2), 30-37．
村上征勝(1994b)：真贋の科学——計量文献学入門．朝倉書店．
村上征勝(2002)：文化を計る——文化計量学序説．朝倉書店．

村上征勝, 伊藤瑞叡(1991): 日蓮遺文の数理研究. 東洋の思想と宗教, **8**, 27-35.
村上征勝, 今西祐一郎(1999): 源氏物語の助動詞の計量分析. 情報処理学会論文誌, **40**(3), 774-782.
村上征勝, 金明哲(1998): 人文科学とコンピュータ. 講座第5巻. 数量的分析編. 尚学社.
李賢平(1987): ≪紅楼夢≫成書新説. Fudan 学報(社会科学版), 第5期, 3-16.
安本美典(1958a): 文の長さの分布型について. 計量国語学, **2**, 20-25.
安本美典(1958b): 文体統計による筆者推定――源氏物語, 宇治十帖の著者について. 心理学評論, **2**, 147-156.
安本美典(1959): 文章の性格学への基礎研究――因子分析法による現代作家の分類. 国語国文, **6**, 19-41.
安本美典(1994): 文体を決める三つの因子. 言語, **23**(2), 22-29.
安本美典, 本多正久(1988): 因子分析法. 培風館.
吉岡亮衛(1999): 新書の数量的分析. 人文学と情報処理, **20**, 51-56.

II
確率モデルによる自然言語処理

永田昌明

目 次

1 人工知能的アプローチから確率・統計的アプローチへ　　61
2 形態素解析　62
　　2.1　形態素解析とは何か？　　62
　　2.2　形態素解析のむずかしさ　　64
　　2.3　統計的言語モデルによる形態素解析　　66
　　2.4　動的計画法を用いた最適単語列探索アルゴリズム　　69
　　2.5　今後の課題　　72
3 固有表現抽出　　74
　　3.1　固有表現抽出とは何か？　　74
　　3.2　固有表現抽出のむずかしさ　　76
　　3.3　隠れマルコフモデルによる固有表現抽出　　77
　　3.4　最大エントロピーモデルによる固有表現抽出　　81
　　3.5　今後の課題　　86
4 テキスト分類　　87
　　4.1　テキスト分類とは何か？　　87
　　4.2　テキスト分類の数学的定義　　88
　　4.3　代表的なテキスト分類アルゴリズム　　90
　　4.4　ベクトル空間モデルと最近隣法　　91
　　4.5　ナイーブベイズ　　92
　　4.6　ブースティング　　93
　　4.7　サポートベクトルマシン　　95
　　4.8　今後の課題　　99
5 統計的機械翻訳　　100
　　5.1　雑音のある通信路のモデル　　101
　　5.2　2言語対応付け　　103
　　5.3　IBM翻訳モデル　　105
　　5.4　スタックデコーダ　　116
　　5.5　今後の課題　　121

参考文献　　123

1 人工知能的アプローチから確率・統計的アプローチへ

コンピュータ科学の分野では，FORTRANやCのようなプログラミング用の人工言語(programming language)と区別するために，人間が使っている言語を自然言語(natural language)と呼ぶ．そして，自然言語をコンピュータで扱うことを自然言語処理(natural language processing)と呼ぶ．

近年，大量のテキストデータが電子的に利用可能になったことや，コンピュータの性能が大幅に向上したことから，自然言語処理の方法論が大きく変化した．それを一言で表現すれば「人工知能的アプローチ」から「確率・統計的アプローチ」への変化である．

従来の人工知能的アプローチでは，自然言語処理システムに必要な言語的知識(辞書・文法など)を，言語学とコンピュータ科学の両方に精通した専門家が人手で作成していた．そのため実用に耐える自然言語処理システムを作成するには莫大な手間と時間を必要とした．たとえば，機械翻訳システムでは，数人から数十人の専門家が何年もの歳月をかけて言語知識のデータベースを構築する必要があった．

これに対して，確率・統計的アプローチでは，人手で作成された言語知識の代わりに，大量の言語データから統計的な手法で推定された確率モデルを使用する．大量の言語データを集成したものをコーパスと呼ぶことから，確率・統計的アプローチは「コーパスにもとづくアプローチ」とも呼ばれる．

人工知能的アプローチでは，専門家の内省にもとづいて言語知識を作成するため，知識の客観性・一貫性・網羅性・拡張性などを保つことがむずかしい．確率・統計的アプローチはこのような人工知能的アプローチの問題点を解決し，広範な適用範囲をもち，頑強で，高精度な自然言語処理システムの構築を可能にする．

本稿では，確率・統計的なアプローチによる自然言語処理の例として，形態素解析・固有表現抽出・テキスト分類・機械翻訳の4つの要素技術を紹介する．確率・統計的な自然言語処理を体系的に紹介するという観点からは，このほかに，構文解析・文書要約・語義多義解消などの要素技術についても当然紹介すべきである．しかし，ここでは，隠れマルコフモデル・最大エントロピーモデル・ブースティング・サポートベクトルマシンなどの代表的な機械学習アルゴリズムが適用されているという観点と，かな漢字変換・インターネット検索エンジン・迷惑メールフィルタ・Webページ翻訳など，身近なソフトウェアに応用されているという観点から，上記の4つの要素技術を選んだ．

確率・統計的アプローチによる自然言語処理は，現在も盛んに研究され，急速に発展している分野である．本稿によってこの新しい研究分野に対する理解が少しでも広まれば幸いである．

2　形態素解析

2.1　形態素解析とは何か？

言語学では，意味を担う最小の言語要素を**形態素**（morpheme）と呼ぶ．これに対応して自然言語処理では，形態素を同定する処理，すなわち，入力文中の単語を同定し，その語形変化を解析する処理を**形態素解析**（morphological analysis）と呼ぶ．形態素解析は，かな漢字変換，テキスト音声合成，情報検索，機械翻訳など，ほとんどすべての自然言語処理応用ソフトウェアで必須となる要素技術である．そのことを理解していただくために，少し唐突であるが，以下のような例を考えてみよう．

もしあなたが日本語を習い始めたばかりのアメリカ人だとしたら，つぎの文の意味を理解するために，あなたは何をするだろうか？

きのう学校へ行った．

英語の正書法には単語と単語の間に空白を挿入する「分かち書き」の習慣があるが，日本語は単語を分かち書きしない．したがって，あなたの最初の仕事は，どこからどこまでが 1 つの単語であるかを同定することである．これを単語分割(word segmentation)と呼ぶ．

首尾よく，この文を「きのう，学校，へ，行っ，た」という単語列に分解したら，つぎにあなたは，「学校」は名詞，「へ」は助詞というように，単語の品詞を決めて，各単語の文中での役割を理解しようとするだろう．これを品詞タグ付け(part of speech tagging)と呼ぶ．

ここまで来てあなたは少し悩むかもしれない．「行っ」が国語辞書の見出し語には載っていないのである．これは英和辞書の見出し語に looked のような規則変化動詞の過去形が載っていないのと同じである．したがって，あなたは日本語の用言の活用表(五段活用，音便など)をあらかじめ記憶し，活用形から原形を求められるようになっておく必要がある．

つぎにあなたは，各単語の意味，すなわち，語義を決めなければならない．ここでまた別の問題に悩むことになる．「きのう」と表記される単語は「昨日，機能，帰納」などたくさんある．これを**同音異義語**(homonym)と呼ぶ．また，「行っ(た)」という表記には「いっ(た)」と「おこなっ(た)」という 2 通りの読みがある．これを**同形異義語**(homograph)と呼ぶ．あなたには，文脈を考慮して複数の解釈の中からもっとも適切な語義を選択する能力が要求される．

こうしてさまざまな困難を乗り越え，以下のような文の分析結果を得たとき，あなたはこの文の意味を理解できたと感じるのではないだろうか？

表記	原形	発音	品詞
きのう	昨日	きのう	副詞
学校	学校	がっこう	名詞
へ	へ	え	助詞
行っ	行く	いっ	動詞・連用形
た	た	た	助動詞

じつは，これは一般的な形態素解析プログラムの出力とまったく同じものである．入力文中の形態素を同定するためには，単語分割・語形変化解

析・品詞タグ付け・同音語選択・同形語選択などの処理が必要である．自然言語処理における形態素解析の役割は，まさにわれわれが言語を解釈するさいに最初におこなう作業をコンピュータ上で実現することである．形態素解析が自然言語処理の基本といわれる理由もここにある．

2.2 形態素解析のむずかしさ

コンピュータによる形態素解析のむずかしさは，複数の解釈の可能性の中から日本語としてもっとも妥当な解釈を選択することにある．自然言語処理では，複数の解釈の可能性のことを曖昧性(ambiguity)または多義と呼び，正しい解釈を選択することを曖昧性または多義を解消する(disambiguate)という．

たとえば，「畜産物価格安定法」という文字列を単語に分割することを考える．われわれは容易にこの文字列が「畜産物」「価格」「安定法」という3つの単語から構成されていることを認識できる．ところがコンピュータにはこれがむずかしい．

図1に示すように，「畜産」「産物」「物価」「価格」「格安」「安定」「定法」など，すべての隣接した2文字の漢字列が語を形成するだけでなく，「産」「物」「価」「格」「安」「定」「法」などほとんどの漢字が1文字でも語を形成する．そのため，「畜産 | 物価 | 格安 | 定法」「畜産 | 物価 | 格 | 安定 | 法」

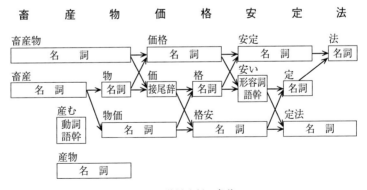

図 1　単語分割の多義

など非常に多くの単語分割に関する曖昧性が存在するのである．

　情報検索システムにおいて，もし「畜産物価格安定法」を「畜産 | 物価 | 格安 | 定法」と誤って単語分割した場合，「畜産物価格安定法」という文字列を含む文書が「格安」というキーワードで検索されてしまうので，検索精度が低下する．テキスト音声合成システムにおいて，もしこのように単語分割を誤った場合，「ちくさん | ぶっか | かくやす | じょうほう」と誤って読み上げてしまうので，聞いている人はなんのことだかさっぱりわからない．

　曖昧性の問題は，ひらがな表記された文字列を漢字かな混じり表記に変換する「かな漢字変換」でも発生する．たとえば，「へんなじがでる」をかな漢字変換する場合を考えると，これもいろいろな解釈が可能である．

　　　へんな/形容詞　じが/名詞　でる/動詞
　　　　　→　変な自我出る，変な自画出る，…
　　　へんな/形容詞　じ/名詞　が/助詞　でる/動詞
　　　　　→　変な字が出る，変な痔が出る，…

　かな漢字変換は，日本人にとってもっとも身近な形態素解析の応用例である．かな漢字変換の仕事は，(1)ひらがなで表記された入力文を単語に分割し，(2)それぞれの単語の可能な漢字表記(同音異義語)の中でもっとも妥当なものを選ぶ，という2つである．(1)に失敗すると「変な自我出る」になり，(2)に失敗すると「変な痔が出る」になる．どちらもありえないとは言い切れない解釈であるが，かな漢字変換の第1候補として適切とは思えない．

　かな漢字変換で正解を得る鍵は，複数の解釈の可能性の中から日本語としてもっとも妥当な解釈を選択するための判断基準，すなわち，日本語の「文法」をコンピュータ上で表現する方法にある．1980年代の初期のパソコンやワープロに付属したかな漢字変換は，上記の例のような珍答・迷答のオンパレードだったが，最近のかな漢字変換はずいぶんと「賢く」なった．その背景にあるのが「隠れマルコフモデル」などの統計的言語モデルを用いた形態素解析技術である．

　日本語形態素解析技術の歴史を振り返ると，1980年代までは知識工学的

アプローチ，すなわち，文法規則や経験的優先規則(ヒューリスティクス)を人手で書く方法が主流であった．2文節最長一致法や文節数最小法がその代表例である．1990年代に入ると，コンピュータの性能が大幅に向上したことから，複数の解釈の優先度をコストで表現し，文全体での最適解を求める接続コスト最小法が提案された．しかし，この方法には人手によるコストの調整がむずかしいという問題があった．1990年代後半になると，大量のテキストデータが利用可能になったことから，統計的言語モデルを用いる手法，すなわち，言語直感にもとづいて人の手で設定するコストの代わりにテキストデータから求めた確率を用いる方法が主流になっている．

以下では，統計的言語モデルを用いた日本語形態素解析技術について解説する．従来の形態素解析手法については，松本ほか(1997)などを参照していただきたい．

2.3 統計的言語モデルによる形態素解析

統計的言語モデルを用いた形態素解析(Nagata, 1994; 永田，1999a)を説明するために，まず日本語の形態素解析を数学的に定式化する．

長さ m の文字列 $C = c_1 \cdots c_m$ からなる入力文が長さ n の単語列 $W = w_1 \cdots w_n$ に分割されるとする．このとき，日本語の形態素解析は，与えられた文字列に対する単語列の条件付き確率 $P(W|C)$ を最大化する単語列 $\hat{W}$ を求める問題と定義できる．ここで，文字列 C はすべての単語分割に共通なので $P(W)$ を最大化する単語列を求めればよい．

$$\hat{W} = \arg\max_W P(W|C) = \arg\max_W P(W) \qquad (1)$$

一般に，単語列の同時確率を計算するための確率モデル $P(W)$ のことを，統計的言語モデル(statistical language model)，または，言語モデルと呼ぶ．形態素解析の言語モデルには，単語 N-gram モデルや隠れマルコフモデルなど，音声認識や英語の品詞タグ付けに使われる統計的言語モデル(Jelinek, 1997; 北ほか，1996)と基本的に同じものを使用できる．

まずもっとも簡単な言語モデルとして，マルコフモデル(Markov model)を

説明する．単語列 $W = w_1 \cdots w_n$ の同時確率 $P(W)$ は，一般性を失うことなく，つぎの条件付き確率の積に分解できる．

$$P(W) = \prod_{i=1}^{n} P(w_i|w_1 \cdots w_{i-1})$$

さまざまな単語の組み合わせに対して条件付き確率 $P(w_i|w_1 \cdots w_{i-1})$ を推定することは現実的に不可能なので，単語 w_i の出現確率は直前の $N-1$ 個の単語だけに依存するという近似を導入する．

$$P(w_i|w_1 \cdots w_{i-1}) \approx P(w_i|w_{i-N+1} \cdots w_{i-1}) \quad (2)$$

一般に，ある事象が生起する確率がその直前の N 個の事象だけに依存するとき，これを **N 重マルコフ過程**と呼び，単語の生起を $N-1$ 重マルコフ過程で近似したモデルを単語 **N-gram** モデルと呼ぶ．

式(2)右辺の単語 N-gram 確率は，人手により単語分割された訓練テキストがあれば，そのテキスト中の単語列の相対頻度から推定できる．一般に，N の値が大きいほど，訓練テキストから信頼性の高い単語 N-gram 確率を推定することがむずかしくなるので，実際には $N = 2$ または $N = 3$ とすることが多い．通常，$N = 1, 2, 3$ の場合を，それぞれ，unigram, bigram, trigram と呼ぶ．

たとえば，単語 bigram モデルは以下の式で表わされる．

$$P(W) = \prod_{i=1}^{n} P(w_i|w_{i-1}) \quad (3)$$

右辺の単語 bigram 確率は，訓練テキストにおける相対頻度から以下の式により求められる．

$$P(w_i|w_{i-1}) = \frac{C(w_{i-1}, w_i)}{C(w_{i-1})}$$

ここで，$C(\cdots)$ は単語列の出現頻度を表わす．

つぎに隠れマルコフモデル(hidden Markov model, HMM)，または，**品詞 bigram** モデル(part of speech bigram model)と呼ばれる言語モデルについて説明する．隠れマルコフモデルは，マルコフ過程にしたがって遷移する内部状態，および，各状態における事象の生起確率分布の組み合わせによって，事象の系列を表現する確率モデルである．外部から観測できる

のは事象の系列だけであり,内部の状態遷移を直接観測することはできないところから「隠れ」マルコフと呼ばれる.

名詞・動詞などの品詞を内部状態と考え,単語を外部から観測できる記号と考えると,言語の生成過程は隠れマルコフモデルで近似できる.隠れマルコフモデルで日本語の「文法」を表現した例を図2に示す.図2では,グラフの節点が内部状態(品詞)を表わし,節点間の矢印が状態遷移およびその確率を表わす.節点に付属するテーブルは状態別の記号(単語)の出現確率である.

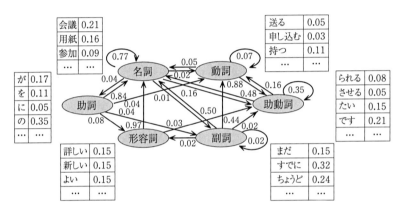

図 2 隠れマルコフモデル

すなわち,単語列 $W = w_1 \cdots w_n$ を観測可能なシンボル系列,品詞列 $T = t_1 \cdots t_n$ を観測不可能な状態系列と考え,$P(W)$ を品詞 bigram 確率 $P(t_i|t_{i-1})$ と品詞別単語出現確率 $P(w_i|t_i)$ の積で近似する.

$$P(W) = \prod_{i=1}^{n} P(t_i|t_{i-1})P(w_i|t_i) \qquad (4)$$

隠れマルコフモデルのパラメータは,人の手によって単語分割と品詞付与がおこなわれたテキストがあれば,対応する事象の相対頻度から推定できる.

$$P(t_i|t_{i-1}) = \frac{C(t_{i-1}, t_i)}{C(t_{i-1})}$$

$$P(w_i|t_i) = \frac{C(w_i, t_i)}{C(t_i)}$$

　前述の「へんなじがでる」のかな漢字変換において,「変な自我出る」を不自然と感じるおもな原因は,「自我」という名詞の直後に「出る」という動詞が接続し,助詞が省略されているせいである.標準的な日本語では,名詞の直後には動詞より助詞が接続する可能性が高い.隠れマルコフモデルでは,このような単語の接続の自然性を状態遷移確率の大小で表現する.また,「じ」の変換候補としては「痔」より「字」のほうが可能性が高いことは,名詞という内部状態における出現確率の大小で表現する.

　近年のかな漢字変換が「賢く」なったのは,この隠れマルコフモデルのパラメータ(品詞遷移確率と単語出現確率)を大量のテキストから統計的な手法を使って正確に求められるようになったお陰である.

　じつは,隠れマルコフモデルの状態は,必ずしも品詞である必要はない.むしろ,人手により作成した品詞体系よりも,なんらかの単語クラスタリング法を用いて作成した単語クラス集合を状態としたほうが,言語モデルとしての能力は高いといわれている.このような単語クラスタリングにもとづく統計的言語モデルを,クラスにもとづく **N-gram** モデル(class-based N-gram model)(Brown et al., 1992)と呼ぶ.

2.4　動的計画法を用いた最適単語列探索アルゴリズム

　ここでは単語 bigram モデルを用いる場合を例として,同時確率 $P(W)$ を最大化する単語列 $\hat{W}$ を動的計画法(dynamic programming, DP)を用いて求める方法を説明する.

　このアルゴリズムは,接続コスト最小法(久光,新田,1994)と呼ばれる従来の日本語形態素解析アルゴリズムにおいて,接続コストを対数確率に置き換えたものと同じである.また,これは音声認識や英語の品詞タグ付けで用いられるビタビアルゴリズム(Viterbi algorithm)(北ほか,1996)を単語を分かち書きしない言語のために一般化した方法とも考えられる.近年では,動的計画法を用いた日本語形態素解析アルゴリズムも「ビタビア

ルゴリズム」と呼ぶことが多い．

文頭から i 番目の単語までの単語列の同時確率 $P(w_1\cdots w_i)$ の最大値を $\phi(w_i)$ と定義すると，式(3)より，以下の関係が成立する．

$$\phi(w_i) = \max_{w_{i-1}} \phi(w_{i-1}) P(w_i|w_{i-1}) \qquad (5)$$

この再帰的な関係を用いて，文頭から文末までの同時確率の最大値 $\phi(w_n)$ を動的計画法により求めるアルゴリズムを図3に示す．

```
1   T_0 ← {w_0}
2   φ(w_0) ← 1
3   for q = 0 to m do
4     foreach w_{i-1} ∈ T_q do
5       foreach w_i ∈ ⋃_{q<r≤m} D(c_q^r) do
6         if w_i ∉ T_r then
7           T_r ← T_r ∪ {w_i}
8           φ(w_i) ← 0
9         endif
10        if φ(w_{i-1})P(w_i|w_{i-1}) > φ(w_i) then
11          φ(w_i) ← φ(w_{i-1})P(w_i|w_{i-1})
12        endif
13      end
14    end
15  end
```

図 3　動的計画法を用いた形態素解析アルゴリズム(ビタビアルゴリズム)

ここで，長さ m の日本語文字列を $C = c_1 \cdots c_m$ とし，部分文字列 $c_{p+1} \cdots c_q$ を c_p^q で表わす．辞書 D の中で表記が文字列 c_q^r と等しい単語の集合を $D(c_q^r) = \{w_i | w_i = c_q^r, w_i \in D\}$ で表わすことにすると，入力文の文字位置 q から文末までの部分文字列の接頭辞と一致する単語の集合は $\bigcup_{q<r\leq m} D(c_q^r)$ と表わせる．また，文字位置 q で終わる単語を記憶するテーブルを $T_q = \{w_{i-1} | w_{i-1} = c_p^q, 0 \leq p < q\}$ で表わす．

図3のアルゴリズムは，文頭から文末方向へ1文字ずつ進む．まず文頭では特殊な記号 w_0 を位置0で終わる単語のテーブル T_0 に格納し，最適単語列確率 $\phi(w_0)$ を1に初期化する(1,2行目)．各文字位置では，その文字

位置で終わる確率最大の単語列(4行目の foreach 文)とその文字位置から始まる単語(5行目の foreach 文)を組み合わせて新しい単語列を作成し，もし新しい部分解析の確率が以前の単語列の確率よりも大きければ，最適単語列の確率を更新する(6行目から12行目まで)．

探索が文末まで到達すると，文頭から文末までの同時確率の最大値 $\phi(w_n)$ が求まるので，文末から逆向きに最大確率を与えた単語 w_i をたどることにより，同時確率を最大化する単語列 $\hat{W}$ が得られる．さらに，逆向きに単語列をたどるさいに A^* アルゴリズムを用いると，確率最大の解だけでなく，確率が大きい順番に1つずつ任意個の形態素解析候補を求める **N-best 探索**(N-best search)を実現できる(Nagata, 1994; 永田, 1999)．

このアルゴリズムの計算量を支配するのは一番外側の for 文(3行目)であり，4行目から14行目までの計算は各文字位置で一度だけおこなわれるので，動的計画法を用いた形態素解析アルゴリズムの計算量は文の文字数に比例する．

図4は，"会議に申し込みたい" という文の "申し込み" の終わりの文字位置における動的計画法のようすを示している．品詞の違いも考慮すると，この文字位置で終わる単語が4個，この文字位置から始まる部分文字列と一致する単語が4個ある．これらのすべての組み合わせを調べ，単語列の終わりの文字位置の最適部分確率テーブルを更新する．

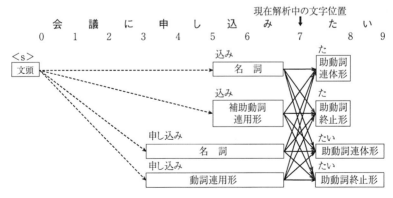

図4 動的計画法を用いた最適単語列探索

2.5 今後の課題

　統計的言語モデルを用いた日本語の形態素解析は 95% 以上の精度をもち，従来の知識工学的アプローチよりも高精度かつ頑健である．しかし，確率モデルのパラメータの学習のために人手により単語分割したテキストを 100 万語以上作成しなければならないので，学習データの作成コストが大きな問題となる．

　そこで，EM(expectation maximization)アルゴリズムを用いてプレーンテキストから自己組織的(self-organizing)に統計的言語モデルを学習する手法，すなわち，日本語の統計的言語モデルの教師なし学習法(unsupervised learning)が提案されたが(Nagata, 1997)，未知語(辞書未登録語)の取り扱いのむずかしさのために，現状では，教師なし学習の精度は教師あり学習の精度より低い．

　近年の日本語形態素解析の中心的な研究課題は，未知語，すなわち辞書に登録されていない，あるいは学習コーパスに出現しない単語をどのように扱うかということである．未知語問題への対処法は，未知語でも解析できるような言語モデルを作成する方法と，あらかじめ未知語を自動獲得して辞書に登録する方法に大別できる．

　単語 N-gram モデルや隠れマルコフモデルなどの単語を基本単位とする言語モデルは，既知の単語列に出現確率を与えるだけなので，未知語を含む入力文を扱えるようにするためには，未知語の出現確率を推定するモデルを別に用意しなければならない．Nagata(1999)では，単語の長さの分布と文字 N-gram にもとづく未知語モデルを単語単位の言語モデルに組み込む方法を提案し，日本語の場合，未知語を構成する文字種(漢字列・カタカナ列など)ごとに未知語モデルを用意することが有効であると報告している．さらに，内元ほか(2001)では，単語単位の言語モデルと未知語モデルを最大エントロピーモデルの枠組みの中で統一的に扱う方法を提案している．

　いっぽう，テキストにおける文字列の統計量から単語らしき文字列を収集して辞書に登録する方法では，大量のテキストデータに対して効率よく

統計量を計算できるようなアルゴリズム，および，文字列の単語らしさを判定する適切な統計量が研究課題となる．Yamamoto と Church(2001)では，接尾辞配列(suffix array)(Manber and Myers, 1993)を用いてテキスト中のすべての文字列の出現頻度と文書頻度を求めるアルゴリズムを提案し，相互情報量(mutual information)および残差逆文書頻度(residual inverse document frequency)にもとづいて語彙を収集する方法を提案している．Ando と Lee(2000)では，固定長の文字 N-gram 頻度を組み合わせた統計量により日本語の漢字列を単語に分割する方法を提案し，長い漢字列の単語分割に関しては，Juman や ChaSen などのフリーの代表的な日本語形態素解析ソフトウェアよりも優れていると報告している．

未知語問題のほかに，近年注目されている形態素解析に関連する話題のひとつに，携帯電話や PDA などの小型情報端末の入力方法がある．田中ほか(2002)では，データ圧縮アルゴリズム PPM(prediction by partial matching)と隠れマルコフモデルを組み合わせた動的言語モデルにより，携帯電話の 10 キーを使った効率的な日本語入力方法を提案している．

じつは，単語を分かち書きしない習慣は，日本語だけでなく，中国語・韓国語・タイ語などの東アジア言語に共通する習慣である．しかし，単語分割および単語同定の問題は，これまで中国語や韓国語など各言語で個別に研究されてきた．インターネット検索エンジンのように，欧米や日本で開発された自然言語処理関連のアプリケーションを東アジア言語に対応させたいというニーズは増えつつあり，今後は，文字コードにおける Unicodeのように，東アジア言語を統一的に扱える形態素解析の枠組みが重要になるだろう．

3 固有表現抽出

3.1 固有表現抽出とは何か？

　人間の「頭の良さ」を外見から判断するのはむずかしい．しかし，その人と少し言葉を交わしてみると，知識の有無や受け答えの的確さなどから，おおよその見当はつくものである．

　学生時代の国語のテストを思い出してほしい．文章の理解力を試す問題というのは，たいてい「…したのはなぜか？」という質問応答の形式か，「…について50字以内にまとめよ」という要約の形式であった．そして，このような国語の文章題では，まず与えられた文章の5W1H，すなわち，誰が(who)・いつ(when)・どこで(where)・何を(what)・なぜ(why)・どのように(how)の6つのポイントを理解することが重要だった．

　自然言語処理の研究目標のひとつに，しばしば**自然言語理解**(natural language understanding)が挙げられる．ではコンピュータが自然言語を理解しているかどうかは，どうすれば判断できるだろうか？　結局，人間の場合と同様に，コンピュータにテキストを与え，その内容に関する質問に答えさせたり，内容を要約させるしかないだろう．

　国語のテストを解くために文章から5W1Hを抜き出したように，質問応答や要約のためにテキストの重要なポイントを抜き出すことを，自然言語処理の分野では**情報抽出**(information extraction)と呼ぶ．より形式的には，情報抽出は，テンプレート(template)と呼ばれる，あらかじめ決めたタイプの事象(event)，実体(entity)，および，それらの関係(relationship)をテキストから抽出することと定義される．

　たとえば，米国の国防省が主催したMUC(message understanding conference)という情報抽出技術のコンテストでは，企業合併やテロ事件に関する新聞記事から企業名や事件現場など5W1Hに相当する内容を提示する

タスクが課題として取り上げられた．

　コンピュータが人間並みの文章理解力をもつのは当分先の話である．しかし，常時，大量のテキストを高速に分析できるというコンピュータの特性を上手に活かせば，経済動向や社会動向の調査などにおいて，情報抽出技術は人間にはできない情報分析を可能にする．

　情報抽出の研究が進むにつれて，テキストに出現する人名・地名・組織名・日付・時刻などを高精度に同定することが，情報抽出においてもっとも重要であると認識されるようになった．この技術は，**固有表現抽出**(named entity extraction)と命名され，英語では1998年のMUC-7(DARPA, 1998)，日本語では1999年のIREXワークショップ(IREX, 1999)を契機として，盛んに研究され始めた．

　固有表現抽出とは，狭い意味では，実世界に存在する個体を識別可能な名前(entity name)，すなわち，人名・地名・組織名などの固有名詞を抽出することである．しかし，一般的には，固有名詞以外に，日付・時刻などの時間表現や金額・割合などの数値表現なども抽出対象に加える．これは，時間表現や数値表現が情報抽出のテンプレートの構成要素になることが多いからである．どんな情報を抽出対象とするかによって固有表現の定義は変化するので，固有表現抽出は，複数の単語(形態素)から構成される「まとまり」を同定してそれに意味的なラベルを付与する技術と考えたほうがよい．

　IREXワークショップの固有表現抽出タスクにおいて抽出対象となった固有表現のクラスと例を表1に示す．またテキストから固有表現を抽出してSGMLのタグを付与した例を以下に示す．

　　　<PERSON> 村山富市 </PERSON> 首相は
　　　<DATE> 年頭 </DATE> にあたり
　　　<LOCATION> 首相官邸 </LOCATION> で
　　　<ORGANIZATION> 内閣記者会 </ORGANIZATION> と
　　　<DATE> 二十八日 </DATE> 会見し，…

表 1 　IREX ワークショップにおける日本語固有表現のクラスと例

固有表現のクラス		例
ORGANIZATION	組織名	共和党
PERSON	人名	ブッシュ
LOCATION	地名	アメリカ
ARTIFACT	固有物名	ノーベル賞
DATE	日付表現	9月11日
TIME	時間表現	午前8時
MONEY	金額表現	500万ドル
PERCENT	割合表現	20%, 3割

3.2 　固有表現抽出のむずかしさ

　固有表現抽出のむずかしさは2つある．ひとつは，そもそも固有表現は異なり数が非常に多く，多種多様でつねに新しい表現が生み出されることである．したがって，すべてをあらかじめ辞書に登録しておくことは不可能であり，未知の固有表現を同定する手段を用意しなければならない．

　もうひとつは，固有表現のクラスはそれが使われる文脈によって決まることである．たとえば，「長崎」のように地名にも人名にも使える固有名詞は非常に多い．また「ホワイトハウス」のように地名は組織名としても使われることもある（「ホワイトハウスに到着/ホワイトハウスの発表」）．したがって，文脈を適切に解釈する手段を用意しなければならない．

　固有表現を抽出する方法には，大きく分けて，人手で作成した規則にもとづく方法と機械学習にもとづく方法がある．その違いを理解するために，固有表現抽出の処理の概要を説明する．

　固有表現を抽出する手がかりは，固有表現の内部構造に関するものと，固有表現が出現した文脈に関するものがある．たとえば，「京都大学」のように，ある固有表現が末尾に「大学」を含んでいれば，この固有表現は組織名であると考えられる．また，「NTT 社長の和田紀夫氏は」のように，ある固有表現が「社長の … 氏は」という文脈で出現すれば，この固有表現は

人名であると考えられる．

　固有表現抽出技術の歴史を振り返ると，1990年代中ごろまでは，正規表現にもとづくパターン照合規則を人手で作成する方法が主流であった．上記の例をパターン照合規則で記述すると以下のようになる．

　　○○大学 => ，○○大学，は組織名
　　社長の××氏 => ，××，は人名

人手でパターン照合規則を作成する方法は，対象領域が限定されている場合には非常に有効である．しかし，新しい対象領域や新しい固有表現タグの定義に対応するにはパターン照合規則を作りなおさなければならないので，移植のコストが大きいという問題がある．

　そこで1990年代の後半からは，固有表現タグを人手で付与した正解テキストを作成し，教師付き学習(supervised learning)により固有表現タグ付けモデルを作成するアプローチが主流となった．機械学習にもとづく方法は，正解データがあれば，新しい領域や新しいタグの定義への自動適応が可能な点が優れている．教師付き学習法としては，決定木(Sekine et al., 1998)・決定リスト(Sasano and Utsuro, 2000)・隠れマルコフモデル(Bikel et al., 1999)・最大エントロピーモデル(Borthwick et al., 1998; 内元ほか, 2000)・サポートベクトルマシン(山田ほか, 2001)など，さまざまなアルゴリズムが試されている．

　以下では，まず，前章で紹介した隠れマルコフモデルによる形態素解析と同様に，固有表現抽出を単語系列の認識問題と捉え，隠れマルコフモデルにより固有表現抽出を実現する方法を紹介する．つぎに，固有表現抽出を単語の分類問題と捉える手法の代表例として，最大エントロピーモデルによる固有表現抽出法を紹介する．

3.3　隠れマルコフモデルによる固有表現抽出

（a）隠れマルコフモデルの適用

　固有表現抽出は，すべての単語に対して，あるクラスの固有表現の一部であるか，あるいは，固有表現の一部ではないというラベルを付与する分

類問題とみなせる．文脈に応じて各単語にラベルを1つだけ付与するというタスクは，前章で紹介した形態素解析において，単語へ品詞を付与するタスクと同じなので，固有表現抽出に隠れマルコフモデルを適用することができる．

形態素解析の場合と同様に，固有表現抽出は，単語列 W を与えられたときに，もっとも確率が大きい固有表現クラス（NC, name class）列 $\widehat{\mathrm{NC}}$ を求める問題として，数学的に形式化できる．$P(W)$ は定数なので，$P(W, \mathrm{NC})$ を求めるモデルを考えればよい．

$$\widehat{\mathrm{NC}} = \arg\max_{\mathrm{NC}} P(\mathrm{NC}|W) = \arg\max_{\mathrm{NC}} \frac{P(W, \mathrm{NC})}{P(W)} = \arg\max_{\mathrm{NC}} P(W, \mathrm{NC})$$

図5に，固有表現抽出のための隠れマルコフモデルの概念図を示す．この隠れマルコフモデルは，人名・地名・組織名などの各クラスの固有表現を同定する部分モデルと，固有表現ではない単語列を同定する部分モデルを主要な構成要素とする．さらに，文頭と文末を表わす2つの特別な状態が存在する．各クラスの固有表現や非固有表現を同定する部分モデルは単語 bigram から構成される．また，すべての部分モデルからすべての部分モデルへ遷移可能である．

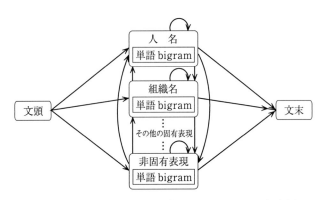

図5　固有表現抽出のための隠れマルコフモデルの概念図

図5のモデルでは，以下の3つの確率の積から単語列と固有表現クラス列の同時確率 $P(W, \mathrm{NC})$ を求める．

1. 固有表現クラス bigram (name class bigram):

$$P(\text{NC}|\text{NC}_{-1}, w_{-1}) = \frac{C(\text{NC}, \text{NC}_{-1}, w_{-1})}{C(\text{NC}_{-1}, w_{-1})} \qquad (6)$$

2. 第 1 単語 bigram (first-word bigram):

$$P(w_{\text{first}}|\text{NC}, \text{NC}_{-1}) = \frac{C(w_{\text{first}}, \text{NC}, \text{NC}_{-1})}{C(\text{NC}, \text{NC}_{-1})} \qquad (7)$$

3. 非第 1 単語 bigram (non-first-word bigram):

$$P(w|w_{-1}, \text{NC}) = \frac{C(w, w_{-1}, \text{NC})}{C(w_{-1}, \text{NC})} \qquad (8)$$

すなわち，以下の3つのステップの繰り返しにより単語列と固有表現クラス列が生成されると考える．まず，固有表現クラス bigram が直前の固有表現クラス (NC_{-1}) と直前の単語 (w_{-1}) から現在の固有表現クラス (NC) を決める．つぎに，第 1 単語 bigram が現在と直前の固有表現から現在の固有表現クラスの最初の単語 (w_{first}) を決める．つぎに，非第 1 単語 bigram が直前の単語と現在の固有表現クラスから 2 番目以降の単語を決める．

非第 1 単語 bigram において，特定の単語が固有表現の末尾に出現するという情報を利用するために，各固有表現クラスの最後には特殊な記号 <end> が存在すると考える．しかし，固有表現クラス bigram における w_{-1} には，<end> ではなく，実際に出現した最後の単語を使用する．ただし，文頭での w_{-1} は便宜的に <end> とする．

以下に，「<PERSON> 小泉 </PERSON> 首相 に 会う」という文の単語列と固有表現クラス列を，この隠れマルコフモデルで生成する例を示す．

$$\begin{aligned}
P(W, \text{NC}) = {} & P(\text{人名} \mid \text{文頭}, \text{<end>}) \\
& P(\text{'小泉'} \mid \text{人名}, \text{文頭}) \\
& P(\text{<end>} \mid \text{'小泉'}, \text{人名}) \\
& P(\text{非固有表現} \mid \text{人名}, \text{'小泉'}) \\
& P(\text{'首相'} \mid \text{非固有表現}, \text{人名}) \\
& P(\text{'に'} \mid \text{'首相'}, \text{非固有表現}) \\
& P(\text{'会う'} \mid \text{'に'}, \text{非固有表現})
\end{aligned}$$

$$P(<\text{end}>|\text{'会う'}, 非固有表現)$$
$$P(文末 | 非固有表現, \text{'会う'})$$

入力文を解析するさいには,単語列がたどりうる状態遷移の経路の中でもっとも確率が高い経路を探索することにより固有表現を抽出できる.この経路探索には,形態素解析のところで説明したビタビアルゴリズムを使用する.

(b) 言語モデルのバックオフ

固有表現タグが付与されたテキストデータがあれば,固有表現クラス bigram 確率(式(6)),第 1 単語 bigram 確率(式(7)),非第 1 単語 bigram 確率(式(8))は,学習データにおける相対頻度から求めることができる.しかし,語彙数を $|V|$ とすれば,各固有表現クラスごとに,最大 $|V|^2$ のパラメータが存在するので,必ずデータ量不足問題(sparse data problem)に直面する.

一般に,学習データにおいて観測されなかった事象や頻度が小さい事象に関するより適切な推定値を求めることを平滑化(smoothing)という.N-gram 確率の平滑化は非常によく研究されており,線形補間法やバックオフ法など代表的な手法が存在する.平滑化の詳細は,Bikel et al.(1999)や言語モデルの教科書(松本ほか,1997; 北,1999)を参照していただくことにして,ここでは基本的な考え方だけを説明する.

確率を求めたい固有表現クラス bigram,第 1 単語 bigram,非第 1 単語 bigram などが学習データにおいて観測されなかった場合には,表 2 に示す,より一般的な事象の確率から適切な推定値を求める.ここで,より一般的

表 2　固有表現抽出におけるモデルのバックオフの例

固有表現クラス bigram	第 1 単語 bigram	非第 1 単語 bigram
$P(\text{NC}|\text{NC}_{-1}, w_{-1})$	$P(w_{\text{first}}|\text{NC}, \text{NC}_{-1})$	$P(w|w_{-1}, \text{NC})$
$P(\text{NC}|\text{NC}_{-1})$	$P(w_{\text{first}}|\text{NC})$	$P(w|\text{NC})$
$P(\text{NC})$	$P(w|\text{NC})$	$1/|V|$
$1/|\text{NC}|$	$1/|V|$	

な事象の確率を利用することをバックオフ（back off, 後退り）するという．

たとえば，固有表現クラス bigram 確率を求める場合，もし直前の単語で条件付けられた固有表現クラスの bigram が学習データに存在しない（$C(\text{NC}, \text{NC}_{-1}, w_{-1}) = 0$）ならば，$P(\text{NC}|\text{NC}_{-1})$ で近似し，さらに $C(\text{NC}, \text{NC}_{-1}) = 0$ であれば，$P(\text{NC})$ で近似し，さらに $C(\text{NC}) = 0$ であれば，$1/|\text{NC}|$ で近似する（$|\text{NC}|$ は固有表現クラスの数）．

固有表現抽出のための隠れマルコフモデルでは，より一般的な事象の選び方や，その事象の確率への重みの与え方により，さまざまなバックオフの方法が考えられる．バックオフの方法により固有表現抽出の精度が大きく変化するので，最適な方法は実験的に決めなければならない．

隠れマルコフモデルによる固有表現抽出は，各種の単語 bigram モデルの平滑化に課題を残しているが，後述する最大エントロピーモデルやサポートベクトルマシンに比べると，モデルを学習するコストが非常に小さい（頻度を求めるだけ）という利点がある．

3.4 最大エントロピーモデルによる固有表現抽出

固有表現抽出は，形態素の系列を 1 つのまとまりとして同定し，それに固有表現クラスのラベルを付与する処理であり，本来は，形態素の時系列解析と分類を組み合わせた問題である．しかし，固有表現の始まり・中間・終わりなど固有表現の「まとめ上げ状態」（chunking state）を表わすラベルを導入すれば，固有表現クラスとまとめ上げ状態を組み合わせたラベルを入力文の各形態素に対して付与するという単一の分類問題に帰着できる．

以下では，固有表現抽出を分類問題に帰着して解く方法の例として，最大エントロピーモデルを用いる方法を紹介する．まず最初に固有表現抽出のまとめ上げ状態の表現法について説明し，つぎに最大エントロピーモデルについて説明し，最後に最大エントロピーモデルの固有表現抽出への適用法を説明する．

(a) 固有表現抽出のまとめ上げ状態

まとめ上げ状態の表現法(encoding scheme)には，大きく分けて Inside/Outside 法と Start/End 法がある．**Inside/Outside 法**(Ramshaw and Marcus, 1995)では，I, O, B の3つの状態を考える．I は固有表現に含まれる形態素を表わし，O は固有表現に含まれない形態素を表わす．B はある固有表現の直後に同じクラスの固有表現が出現する場合に，後ろの固有表現の先頭の形態素に付与する．

Sang(2000)では，Inside/Outside 法のバリエーションとして IOB1, IOB2, IOE1, IOE2 が提案されている．同じクラスの固有表現が連続するときだけ B タグを使用する元の Inside/Outside 法を IOB1 と呼び，すべての固有表現の先頭で B タグを使用する方法を IOB2，同じクラスの固有表現が連続するときは前の固有表現の最後の形態素に E タグを付与する方法を IOE1，すべての固有表現の末尾で E タグを使用する方法を IOE2 と呼んでいる．

Start/End 法(Sekine et al., 1998)では，S, C, E, U, O の5つの状態を考える．S と E は2つ以上の形態素から構成される固有表現の先頭と末尾の形態素を表わす．C は3つ以上の形態素から構成される固有表現の中間の形態素である．U は1つの形態素が単独で固有表現を構成する場合を表わす．O はこの形態素がどの固有表現にも含まれないことを表わす．

表3に，新聞記事から抜粋した「現場は鵜川の国道161号鵜川橋で」という表現に対して，固有表現クラスとまとめ上げ状態を組み合わせたラベルを付与した例を示す．ここで「鵜川」「国道161号」「鵜川橋」が地名を表わす固有表現である．Inside/Outside 法(IOB1)では固有表現が連続する場合にだけ B タグを使用するのに対して，IOB2 ではすべての固有表現の先頭で B タグを使用する．Start/End 法では，固有表現が2つ以上の形態

表3 固有表現のまとめ上げ状態の表現

			<LOC>		<LOC>			<LOC>	
	現場	は	鵜川	の	国道	161	号	鵜川橋	で
	名詞	助詞	名詞	助詞	名詞	数詞	名詞	名詞	助詞
Inside/Outside法	O	O	I-LOC	O	I-LOC	I-LOC	I-LOC	B-LOC	O
Start/End法	O	O	U-LOC	O	S-LOC	C-LOC	E-LOC	U-LOC	O
IOB2	O	O	B-LOC	O	B-LOC	I-LOC	I-LOC	B-LOC	O

素から構成されていればSタグとEタグを使用し,単独の形態素ならばUタグを使用する.

まとめ上げ状態の総数は,固有表現クラスが8種類の場合,Inside/Outside法では17個,Start/End法では33個となる.まとめ上げ状態の細かさや固有表現の連続の扱いに関して,どの表現法が優れているかは,使用する学習アルゴリズムや学習データに依存するので,固有表現抽出の精度が最適になるように実験的に決定しなければならない.

(b) 最大エントロピーモデル

最大エントロピー法は,与えられた制約を満たすモデル(確率分布)の中でエントロピーを最大にするモデル,すなわち,もっとも一般的な(一様分布に近い)モデルを選択するという**最大エントロピー原理**(maximum entropy principle)にもとづく確率分布の推定法である.

入力 x と出力 y の組からなる訓練データ $\{(x_1,y_1),(x_2,y_2),\cdots,(x_n,y_n)\}$ が与えられたとき,最大エントロピー法では,x と y に関するある特徴が成立しているときに1を返すような**素性関数**(feature function) f_i の集合と,素性関数 f_i に対する重み λ_i の集合を用いて,以下のような形の確率分布を推定する[*1].

$$P(y|x) = \frac{\exp(\sum_i \lambda_i f_i(x,y))}{\sum_{y'} \exp(\sum_i \lambda_i f_j(x,y'))} \quad (9)$$

一般に式(9)は,つぎの2つの制約条件を満たす唯一の条件付き確率分布であることが証明できる(北,1999).

1. 訓練データにおける観測値 $\tilde{P}(x,y)$ による素性 f_i の期待値 $E_{\tilde{P}}[f_i]$ と,確率分布 $P(x,y)$ による素性 f_i の期待値 $E_P[f_i]$ が等しい.

$$E_{\tilde{P}}[f_i] = \sum_{x,y} \tilde{P}(x,y) f_i(x,y) = \sum_{x,y} \tilde{P}(x) P(y|x) f_i(x,y) = E_P[f_i] \quad (10)$$

(ただし $P(x,y) = P(x)P(y|x) \approx \tilde{P}(x)P(y|x)$ と近似)

[*1] 素性関数のことをたんに素性(feature)と呼ぶこともある.

2. 式(10)を満たす確率分布のうちで,エントロピーが最大である.

$$P^* = \arg\max_P H(P) = -\arg\max_P \sum_{x,y} \tilde{P}(y)P(y|x)\log P(y|x) \quad (11)$$

訓練集合が与えられたとき,式(9)における重み λ_i は,以下で説明する**一般化反復スケーリング法**(GIS)または**改良反復スケーリング法**(IIS)により求めることができる(北, 1999).

一般化反復スケーリング法および改良反復スケーリング法では,λ_i に適当な初期値を与え,次式を満たすような λ_i の増分 δ_i を求めて,λ_i の更新($\lambda_{i+1} = \lambda_i + \delta_i$)を収束するまで繰り返す.

$$\sum_{x,y} P(x,y) f_i(x,y) \exp(\delta_i f^{\#}(x,y)) = E_{\tilde{P}}[f_i] \quad (12)$$

ここで $f^{\#}$ は素性関数の和の最大値である.

$$f^{\#} = \max_{x,y} \sum_i f_i(x,y) \quad (13)$$

改良反復スケーリング法では,ニュートン法などの数値計算により増分を求める.いっぽう,一般化反復スケーリング法では,素性関数の和がつねに定数になるようなダミーの素性関数を導入し,増分を次式により求める.

$$\delta_i = \frac{1}{f^{\#}} \log \frac{E_{\tilde{P}}[f_i]}{E_P[f_i]} \quad (14)$$

一般に,改良反復スケーリング法のほうが一般化反復スケーリング法より収束が速い.しかし,実装は一般化反復スケーリング法のほうが簡単である.

(c) 最大エントロピーモデルの適用

固有表現抽出において,機械学習アルゴリズムは,ある形態素に付与すべきラベルと,ラベルを付与する形態素およびその前後の形態素に出現する手がかり(素性)との関係を学習する.素性として使用される情報は,単語の表記・品詞・文字種などである.英語では,文頭および固有名詞は先頭が大文字になるなど,表記に関する情報が重要である.日本語では,外来語がカタカナで表記されるなど,文字種(漢字,カタカナ,ひらがな,アル

ファベットなど)の情報が重要である．品詞に関しては，名詞・動詞といった大分類のほかに，人名・地名・組織名などの固有名詞の細分類，「さん」などの固有名詞と共起する接頭辞・接尾辞の情報が重要である．

ある形態素に付与するラベルの推定に使用される素性は，その形態素を含む前後 1 形態素(合計 3 形態素)または前後 2 形態素(合計 5 形態素)というような固定長の文脈から選択されることが多い．しかし，複数の形態素から構成される固有表現の場合，固定長の文脈では文脈情報が十分に反映されないので，固有表現の長さに応じて可変長にしたほうがよいという報告もある(Sasano and Utsuro, 2000)．

最大エントロピー法では，素性関数 f_i は，入力 x においてある素性 f_i が観測され，かつ，出力が y となるときに 1 を返す関数である．固有表現抽出では，ラベルを付与する形態素の文脈(合計 3 または 5 形態素)が x であり，固有表現クラスとまとめ上げ状態の組を表わすラベルが y である．

たとえば，日本語の固有表現抽出ではつぎのような素性が有用である．

$$f_i(x,y) = \begin{cases} 1 & \text{つぎの形態素が「さん」であり，} \\ & \text{かつ，固有表現クラスが人名である} \\ 0 & \text{それ以外} \end{cases}$$

入力文を解析するさいには，まず最大エントロピーモデルによって各形態素に対して複数のラベル候補を確率付きで求める．このさいに，最大エントロピーモデルは局所的な手がかりから形態素に付与すべきラベルを決定するので，そのままでは矛盾したタグの系列を生成してしまう可能性がある．たとえば，ある形態素が「人名の始まり」で，その直後の形態素が「地名の終わり」という候補を出力する可能性がある．そこで，ラベルとラベルの連接関係に矛盾がなく，かつ，1 文全体においてラベル系列の確率の積が最大となるような形態素ラベルをビタビアルゴリズムによって求める．

3.5 今後の課題

固有表現抽出を分類問題に帰着して解くアプローチは,ここで紹介した最大エントロピーモデル(Borthwick et al., 1998; 内元ほか,2000)のほかに,決定木(Sekine et al., 1998),決定リスト(Sasano and Utsuro, 2000),サポートベクトルマシン(山田ほか,2001)などが用いられている.現状では,サポートベクトルマシンがもっとも精度が高いが,固有表現抽出のように大量のテキストを処理しなければならないアプリケーションでは,学習速度および実行速度の遅さが問題になる.そこで Isozaki と Kazawa(2002)では,サポートベクトルマシンの実行を高速化する手法を提案している[*2].

固有表現抽出に機械学習アルゴリズムを適用するためには,固有表現のラベルが付与されたテキストデータを大量に作成する必要があり,その作成コストが大きな問題になる.そこで,Collins と Singer(2000)では,co-training というアルゴリズムを用いて,少量のラベル付きデータと大量のラベルなしデータからモデルを学習する方法を提案している.

じつは,固有表現抽出は,「チャンキング」と呼ばれる,より一般的な自然言語処理の問題のひとつの形態と考えられる.チャンキング(chunking)とは,与えられた記号系列を非重複(non-overlapping)かつ非再帰的(non-recursive / non-embedding)な単位に分割し,その分割した単位にラベルを付与することをいう.日本語の文節分割,英語の基本名詞句同定(base noun phrase chunking),固有表現抽出,テキスト音声合成のためのアクセント句分割などは,すべてチャンキングとして捉えることができる.固有表現抽出と同様に,チャンキングは分類問題に帰着して解くことが可能であり,現状では,サポートベクトルマシンの精度がもっとも高いと報告されている(Kudo and Matsumoto, 2001).

[*2] サポートベクトルマシンについては次章で解説する.

4 テキスト分類

4.1 テキスト分類とは何か？

　少し前のことであるが，『捨てる技術』という本がベストセラーになったことがあった．これは現代の個人あるいは組織が直面している情報管理の本質が，「必要」または「不必要」という2つのカテゴリのいずれかへ物事を分類する作業にあることをよく表わしている．しばしば「情報洪水」と形容されるように膨大かつ多様なコンテンツが流通する現在のインターネットでは，テキスト情報を自動的に分類する技術がさまざまなところで非常に重要な役割を果たす．

　たとえば，暴力やポルノなど，好ましくないWebサイトへ子供達がアクセスすることを防ぐWebコンテンツフィルタは，Webサイトを「有害」と「無害」に分類する．また，「楽して金儲けする方法」など，不特定多数に一方的に送りつけられる広告や勧誘等の電子メール(unsolicited business emailまたはspam)をシャットアウトするスパムフィルタは，電子メールを「ふつうのメール」と「スパム」に分類する．

　社会的な要請から，Webおよび電子メールのコンテンツフィルタリング機能は，インターネットサービスプロバイダ(ISP)側およびクライアント(ブラウザ・メーラなど)側の両方で標準的に提供すべき機能となりつつある．多くの場合，これらのコンテンツフィルタは，好ましくない情報源のリスト(ブラックリスト)を管理する技術，および，内容にもとづくフィルタリング技術(テキスト分類技術)の組み合わせにより実現される．

　そのほか，キーワード等で指定することにより自分が興味をもつ分野の記事だけを配信してくれる電子メールニュースサービス，過去の購買履歴から自分の興味にあう本を推薦してくれるオンライン書店，顧客からの電子メールを専門分野別にオペレータへ振り分けるオンラインヘルプデスク

などに，テキスト分類技術を応用することができる．

テキスト分類技術の歴史的な変遷を振り返ると，1980年代後半までは知識工学的アプローチ，すなわち人手で分類規則を書く方法が主流であった．しかし，1990年代に入ると，大量のテキストデータが利用可能になったことや，コンピュータの性能が大幅に向上したことから，機械学習的アプローチ，すなわち人手によりカテゴリラベルを付与したテキストデータから自動的に分類器を作成する方法が，分類精度・省力性・保守性に優れているために主流となった．さらに近年では，ブースティングやサポートベクトルマシンなどの最先端の機械学習アルゴリズムが次々とテキスト分類に適用された結果，さまざまな学習理論の実用性を共通のベンチマークにもとづいて比較検討することが可能となり，テキスト分類は学習理論の「見本市」と呼んでよい状況になっている．

本章では，まずテキスト分類の基本的な問題設定を述べ，古典的な手法として，最近隣法，ナイーブベイズ法を説明した後，近年その分類性能の高さが注目されているブースティングやサポートベクトルマシンを利用したテキスト分類について解説する．

4.2　テキスト分類の数学的定義

以下では，テキスト分類(text classification)というタスクを，あらかじめ設定された2つ以上のクラスに文書を自動的に分類することと定義する[*3]．

一般に，テキスト分類では，文書を多次元のベクトルで表現する．

$$\bm{x} = (x_1, x_2, \cdots, x_l)$$

文書ベクトルの各要素は，ある単語がその文書に出現するか否かという2値の場合もあれば，適当な方法(TF-IDFなど)で重みをつけた実数値の場合もある．

たとえば，("愛"，"逆転"，"国会"，"ホームラン")という4つの単語の出現の有無を素性(feature)として，つぎの2つの文書をベクトル表現する

[*3] クラスとカテゴリは同義である．しかし，人手による分類体系ではカテゴリ，計算機による自動分類ではクラスという用語を使用する習慣があるので，本稿でも両者を使い分ける．

と，図6のような文書ベクトル x_1, x_2 が得られる[*4]．

文書 1:「最終回に逆転満塁ホームランが飛び出した．」
文書 2:「国会で与野党の勢力が逆転した．」

	"愛"	"逆転"	"国会"	"ホームラン"
文書 $1(x_1)$	0	1	0	1
文書 $2(x_2)$	0	1	1	0

図 6　文書のベクトル表現

前記の例では素性として単語の出現の有無を用いたが，単語の重要度を用いる場合には，情報検索の分野で単語の重要度の尺度として用いられている TF-IDF を用いることが多い．

文書 j における用語 t_i の出現頻度（用語頻度，term frequency）を $tf_{i,j}$，文書集合の中で用語 t_i を含む文書数（文書頻度，document frequency）を df_i，文書集合の大きさを N とするとき，TF-IDF（term frequency - inverse document frequency）による重み $w_{i,j}$ は次式で表わされる．

$$w_{i,j} = \frac{tf_{i,j}}{\max_k tf_{k,j}} \times \log \frac{N}{df_i} \qquad (15)$$

TF-IDF 法は，1つの文書に何度も出現する用語は文書の特徴量としてふさわしいが，数多くの文書に出現する単語は文書の特徴量としてふさわしくない（一部の文書だけに出現する用語がふさわしい）という観点から，用語頻度と逆文書頻度（文書頻度の逆数）の積を重要度の尺度とする．

いっぽう，各文書に対しては，その文書が所属するクラスのラベル y が与えられる．クラスの数は，もっとも簡単な2クラス（所属するか否か）の場合もあれば，複数クラス（multi-class）の場合もある．また1つの文書が1つのラベルしかもたない場合と複数のラベルをもつ（multi-label）場合がある．

たとえば，テキスト分類の代表的なベンチマークのひとつである Reuters-21578 は 12,902 個のニュース記事（平均 200 語）が 118 カテゴリ（corporate

---

[*4] このように，文書に単語が出現する順番を無視し，文書を単語の集合とみなす方法を bag of words モデルと呼ぶ．

acquisitions, earnings, money market, grain など)に分類され,1つの記事には平均 1.2 個のカテゴリが割り当てられている.

前記の設定のもとで,テキスト分類のための分類器を作成する問題は,訓練データ $S = \{(\boldsymbol{x}_1, y_1), (\boldsymbol{x}_2, y_2), \cdots, (\boldsymbol{x}_n, y_n)\}$ が与えられたとき,予測されたラベルが本当のラベルと異なる回数 $\sum_{i \in S} f(\boldsymbol{x}) \neq y_i$ を最小化するような識別関数 $f(\boldsymbol{x})$ を求める問題と定式化できる.なお,2 クラス分類の場合は,クラスラベルを $y \in \{-1, +1\}$ とし,$\mathrm{sign}(f(\boldsymbol{x}))$ を予測されたラベル,$|f(\boldsymbol{x})|$ を予測の確信度とする.

4.3 代表的なテキスト分類アルゴリズム

テキスト分類は,文書の表現法および分類器の構築法の違いにより,さまざまな手法が提案されている(Sebastiani, 2002).文書の表現法,すなわち,文書ベクトルの要素となる単語素性の選択(次元削減),重み付けなどは,どちらかといえば自然言語処理および情報検索に関する知見が重要な役割を果たす問題であるが,実証的な比較検討が進み,標準的な手法が固まりつつある.

Yang と Pedersen(1997)では,さまざまな素性選択の尺度を比較し,文書頻度・情報利得・カイ 2 乗検定の精度はほぼ同じだが,相互情報量は次元削減が進むとやや精度が落ちるので,少ない計算量でそれなりの精度が得られる文書頻度が優れていると報告している.その他,多変量解析の手法(特異値分解,singular value decomposition)を使って,文書ベクトルをまったく別の縮退した空間に写像してしまう潜在意味インデキシング(latent semantic indexing)という方法もある(Deerwester et al., 1990).

これに対して分類器の構築は,非常に古典的な教師付き帰納学習の問題なので,ナイーブベイズ(Lewis, 1998),決定木(Lewis and Ringuette, 1994),決定リスト(Li and Yamanishi, 1999),k-最近隣法,オンラインアルゴリズム(Winnow, Rocchio),最大エントロピー法,サポートベクトルマシン(Dumais et al., 1998; Joachims, 1998; 平,春野,2000),ブースティング(Schapire and Singer, 2000)など,おもな機械学習アルゴリズムはす

べて試されているといってよい．この中で，現在，もっとも優れた性能を発揮しているのが AdaBoost(Freund and Schapire, 1997; フロインドとシャピリ，1999)やサポートベクトルマシン(Vapnik, 1995; 津田，2000; 前田，2001; Müller *et al.*, 2001)などの large margin classifiers である．

4.4 ベクトル空間モデルと最近隣法

まずもっとも簡単な分類器として**最近隣法**(nearest neighbor method)を紹介する．最近隣法は，2つの文書の**類似度**(similarity)を定義し，あらかじめラベルが付与されている文書の中で入力された文書にもっとも似ている文書のラベルを分類結果として出力する方法である．

2つの文書の類似度としては，2つの文書ベクトル $\bm{x}_1$ と $\bm{x}_2$ のコサイン距離(cosine distance)を用いるのが一般的である．

$$\mathrm{sim}(\bm{x}_1, \bm{x}_2) = \cos\theta = \frac{\bm{x}_1 \cdot \bm{x}_2}{|\bm{x}_1||\bm{x}_2|} \tag{16}$$

このように文書をベクトルで表現してその類似度を定義する方法は「**ベクトル空間モデル**(vector space model)」と呼ばれ，もともと情報検索において質問(検索要求)に対する文書の近さを順位付ける目的で使用されていた方法である．式(16)のコサイン距離は，図7の左側に示すようにベクトル空間において2つの文書ベクトルが張る角度のコサインに相当する．類似度の尺度としてコサインを使用するのは，文書の長さによる影響を正規化するためである．

最近隣法の中でもっとも簡単な方法は，入力された文書にもっとも類似

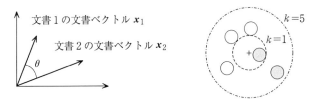

図 7 ベクトル空間モデルと k-最近隣法

した文書のクラスを求める方法である．しかし，経験的にはもっとも類似した文書だけで判断すると雑音に惑わされることが多く，入力された文書にもっとも類似した上位 k 個の文書のクラスの中で多数決を取るほうが精度が良い．この方法を **k-最近隣法**と呼ぶ．なお，最適な k の値は実験的に決めるしかない．

図 7 の右側に k-最近隣法の例を示す．入力文書が '+' で表現され，文書のクラスは「黒」と「白」の 2 種類とする．$k=1$ の場合，もっとも類似した文書は「黒」なので入力文書は「黒」と判定されるが，$k=5$ の場合，黒が 2 個なのに対して白は 3 個あるので多数決により入力文書は「白」と判定される．

k-最近隣法は単純な方法ではあるが，サポートベクトルマシン等に匹敵する高い精度が得られる (Yang, 1999)．しかし，訓練データが大規模な場合には，すべての訓練データを記憶するコストおよび入力にもっとも類似した訓練データを探索するコストが大きな負担になる．

4.5　ナイーブベイズ

ナイーブベイズ分類器 (naive Bayes classifier) は，確率モデルにもとづく分類法のひとつである．一般に，文書ベクトルを $\bm{x}=(x_1,\cdots,x_n)$，文書のクラスを c とするとき，事後確率 $P(c|\bm{x})$ を最大化するクラス $\hat{c}$ を求めれば，文書分類の誤りを最小化できる．

$$\hat{c} = \arg\max_c P(c|\bm{x}) = \arg\max_c \frac{P(\bm{x}|c)P(c)}{P(\bm{x})} = \arg\max_c P(c)P(\bm{x}|c) \tag{17}$$

事後確率にベイズの規則 (Bayes rule) を適用し，すべてのクラスについて $P(\bm{x})$ は一定であることを考慮すると，結局，クラスの出現確率 $P(c)$ とクラス別の文書ベクトルの出現確率 $P(\bm{x}|c)$ の積を最大とするクラスを求めればよい．

$P(c)$ はクラスが付与された文書におけるクラスの相対頻度から容易に推定できるが，文書ベクトルはさまざまな値を取りうるので $P(\bm{x}|c)$ を直接推

定するのは非常にむずかしい．そこで，クラス c が与えられたときの文書ベクトル $\boldsymbol{x}$ の分布において，文書ベクトルの各要素がたがいに独立と仮定する．

$$P(\boldsymbol{x}|c) = P(x_1,\cdots,x_n|c) \approx \prod_{i=1}^{n} P(x_i|c) \qquad (18)$$

$P(x_i|c)$ はクラスが付与された文書における素性 x_i の相対頻度から推定できる．したがって，文書の分類は次式を最大化するクラス $\hat{c}$ を選べばよい．

$$\hat{c} = \arg\max_{c} P(c) \prod_{i=1}^{n} P(x_i|c) \qquad (19)$$

式(19)にもとづく方法を，ナイーブベイズ分類器と呼ぶ．「ナイーブベイズ」という名前は，単語がたがいに独立であるという仮定があまりにも素朴(naive)であることに由来する．

ナイーブベイズ法は，後述するブースティングやサポートベクトルマシンには及ばないが，単純な方法で比較的高い精度が得られる．サポートベクトルマシン等と異なり，ナイーブベイズ法は入力文書がクラスに所属する確率を与えるので，音声認識結果のようにデータが雑音を含む場合や，ラベルありデータとラベルなしデータを組み合わせて学習する場合などには，理論的な拡張が容易であるという利点を持つ(Nigam et al., 2000)．

4.6 ブースティング

ブースティング(boosting)は，ランダム予測より少し良い予測ができる弱学習器(weak learner)を組み合わせて高精度な分類器を作成する手法のひとつである．図8にブースティングの概念図を示す．ブースティングでは訓練データに対する重み D_t を変えながら，同じ弱学習器を T 回繰り返して呼び出し $(t = 1,\cdots,T)$，T 個の仮説 h_t を生成する．この1回の操作をラウンドと呼ぶ．最後に各仮説の分類誤り率 ϵ_t をもとにして計算される仮説 h_t に対する重み α_t を使って線形和を求め，その符号(sign)を分類結果とする最終仮説 H を生成する．

一般に，多数の学習器の重み付き多数決(weighted majority vote)によ

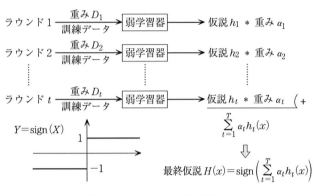

図 8 ブースティングの概念図

り精度の向上を図る方法はアンサンブル学習(ensemble learning)と呼ばれ,ブースティング,バッギングなどの手法が提案されている.ブースティングは,訓練データの重みを変えて再サンプル(resample)することにより多数の学習器を構成するアンサンブル学習である.

　ブースティングのひとつである AdaBoost のアルゴリズムを図 9 に示す.AdaBoost では,最初はすべての訓練データに等しい重みを与えるが,各繰り返しにおいて,分類を誤った事例の重みを指数的に増やし,よりむずかしい事例を集中して学習する.分類誤り率 ϵ_t から適応的(adaptive)に仮説 h_t に対する重み α_t とつぎのラウンドにおける訓練データに対する重み D_t を決めることから AdaBoost(adaptive boosting)と呼ばれる.AdaBoost は,きわめて単純で容易に実装でき,かつ,計算効率が良い点が優れている.Schapire と Singer(2000)では,単語の存在をテストする弱学習器と AdaBoost の組み合わせは,最近隣法やナイーブベイズ法よりテキスト分類精度が優れていると報告している.

　ブースティングは一見とても謎めいたアルゴリズムであるが,近年では,ブースティングが分類器の性能を改善する理由が明らかになってきた.Friedman et al.(2000)では,AdaBoost は,残差にロジスティック関数をあてはめることを繰り返して,ロジスティック関数の線形和によりもとの関数を近似するロジスティック回帰(logistic regression)の一種であること

> 訓練データ: $(x_1, y_1), \cdots, (x_n, y_n)$　$y_i \in \{-1, 1\}$
> ラウンド t における重みの分布 D_t
>
> 初期値 $D_1(i) = 1/n$
> for $t = 1, \cdots, T$
>
> 1. 学習器 h_t と分布 D_t により誤り ϵ_t を求める．
>
> $$\epsilon_t = \sum_{i=1}^{n} D_t(i)[h_t(x_i) \neq y_i]$$
>
> 2. 重み更新係数 α_t を求める．
>
> $$\alpha_t = \frac{1}{2} \log\left(\frac{1 - \epsilon_t}{\epsilon_t}\right)$$
>
> 3. 重みの分布 D_t を更新する(Z_t は正規化定数)
>
> $$D_{t+1}(i) = \frac{D_t(i)}{Z_t} \times \begin{cases} e^{-\alpha_t} & \text{if } y_i = h_t(x_i) \\ e^{\alpha_t} & \text{if } y_i \neq h_t(x_i) \end{cases}$$
>
> $$= \frac{D_t(i)}{Z_t} \times e^{-\alpha_t \times y_i \times h_t(x_t)}$$
>
> 最終仮説 H
>
> $$H(x) = \text{sign}\left\{\sum_t \alpha_t h_t(x)\right\}$$

図 9　AdaBoost アルゴリズム

を示している．また，Collins et al.(2002)では，最大エントロピーモデルのパラメータを推定するアルゴリズムである一般化反復スケーリングと AdaBoost は，基本的に同じものであり，すべてのパラメータを同時に更新するか，パラメータを1つずつ順番に更新するかの違いだけであることを示している．

4.7　サポートベクトルマシン

サポートベクトルマシン(support vector machine, SVM)は，訓練データを正例と負例に分離し，かつ，正例と負例の間のマージンが最大になるような超平面を求める学習器である．図 10 に SVM の概念図を示す．訓

練データから分離超平面までの距離の最小値をマージン(margin)と呼ぶ．また，分離超平面にもっとも近い訓練データをサポートベクトル(support vector)と呼ぶ．後述するように，サポートベクトルが分離超平面を決定することが「サポートベクトルマシン」の名前の由来である．

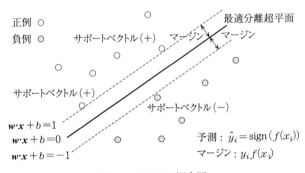

図 10　SVM の概念図

　一般に訓練データが正例と負例に分離可能ならば，正例と負例を分離する超平面は無数に存在する．SVM では，マージンが最大となるような超平面を求めることによって過学習(訓練データへの特化)を防ぎ，汎化能力(未知データに対する識別能力)の高い学習器を構成する点に特徴がある．

　以下では，SVM の基本的な考え方を紹介するために，訓練データが線形分離可能な場合の学習アルゴリズムを説明する．現実の問題では訓練データを超平面により正例と負例に完全に分けることは不可能な場合が多い．線形分離可能ではない場合には，多少の分類誤りを許す「ソフトマージン」というテクニックを使用して分離超平面を決定する方法が知られている．また，ソフトマージン法を用いても，本質的に非線形で複雑な分類問題には対処できない．本質的に非線形な分類問題に対しては，「カーネル関数」と呼ばれる非線形写像により特徴ベクトルを高次元の空間に写像し，その空間で線形分離問題を解く「カーネルトリック」という手法が知られている．ソフトマージンやカーネルトリックについては津田(2000)，前田(2001)な

どを参考にしていただきたい[*5].

訓練データが以下のような超平面で分類可能とする.

$$f(\boldsymbol{x}) = \boldsymbol{w} \cdot \boldsymbol{x} + b = 0 \tag{20}$$

パラメータ $\boldsymbol{w}, b$ は定数倍しても同じ超平面を表わすので,サポートベクトル $\boldsymbol{x}_i$ は $|\boldsymbol{w} \cdot \boldsymbol{x} + b| = 1$ を満たすという制約を加える.このとき,マージン,すなわち,サポートベクトル $\boldsymbol{x}_i$ から超平面 $\boldsymbol{w} \cdot \boldsymbol{x} + b = 0$ までの距離は $|\boldsymbol{w} \cdot \boldsymbol{x} + b|/\|\boldsymbol{w}\| = 1/\|\boldsymbol{w}\|$ となるから,マージンを最大にするには重みベクトルの長さ $\|\boldsymbol{w}\|$ を最小にすればよい.

したがって,訓練データを完全に分類するマージン最大の超平面を求める問題は,以下の制約条件付き最適化問題を解くことと等価である.

$$\begin{aligned}&\text{目的関数:} \quad \frac{1}{2}\|w\|^2 \rightarrow \text{最小化} \\ &\text{制約条件:} \quad y_i(\boldsymbol{w} \cdot \boldsymbol{x}_i + b) \geq 1 \ (i = 1, \cdots, n)\end{aligned} \tag{21}$$

この最適化問題は数理計画法の分野で 2 次計画問題(quadratic programming)として知られ,さまざまな数値計算法が提案されているが,これをさらに双対問題に帰着して解くと SVM の学習法が導ける.

まず,ラグランジェ乗数 $\alpha_i \ (\geq 0)$ を導入し,最小化すべき関数を $\boldsymbol{w}$ および b で偏微分したものを 0 とする.

$$L(\boldsymbol{w}, b, \alpha) = \frac{1}{2}\|w\|^2 - \sum_i \alpha_i(y_i((\boldsymbol{w} \cdot \boldsymbol{x}_i + b) - 1)) \tag{22}$$

$$\frac{\partial L}{\partial \boldsymbol{w}} = \boldsymbol{w} - \sum_i \alpha_i y_i \boldsymbol{x} = 0 \tag{23}$$

$$\frac{\partial L}{\partial b} = \sum_i \alpha_i y_i = 0 \tag{24}$$

式(23)と式(24)を式(22)に代入すると,以下のような α_i に関する最適化問題に帰着する.

$$\begin{aligned}&\text{目的関数:} \quad \sum_{i=1}^{l} \alpha_i - \frac{1}{2}\sum_{i,j=1}^{l} \alpha_i \alpha_j y_i y_j \boldsymbol{x}_i \cdot \boldsymbol{x}_j \rightarrow \text{最大化} \\ &\text{制約条件:} \quad \sum_{i=1}^{l} \alpha_i y_i = 0, \quad \forall i : \alpha_i \geq 0\end{aligned} \tag{25}$$

[*5] カーネルトリックは SVM 以外の線形分類器にも適用でき,カーネルにもとづく学習法(kernel-based learning algorithm)と総称されている(Müller et al., 2001).

この双対問題を 2 次計画問題の数値計算で解くと,多くの α_i が 0 となり,$\alpha_i \neq 0$ を満たすものがサポートベクトルに対応するという性質がある(Karush-Kuhn-Tucker 条件).w は,α と式(23)から求められる.また,b は,正例側のサポートベクトル x_a と負例側のサポートベクトル x_b から以下のようにして求められる.

$$b = -\frac{1}{2}(w \cdot x_a + w \cdot x_b) \qquad (26)$$

識別関数 $f(x)$ を α_i を使って表現すると次式のようになる.一般にサポートベクトルはもとの訓練データに比べてかなり少ない.つまり,SVM は多数の訓練データから少数のサポートベクトルを選択し,サポートベクトルのみから分離超平面を決定する.

$$f(x) = \sum_i \alpha_i y_i x_i \cdot x + b \qquad (27)$$

通常,分類器のパラメータを学習する場合,モデルが複雑で表現力が大きいほど,訓練データに対する分類誤りの小さい分類器が得られる反面,モデルが過度に訓練データに適合しすぎ,未知のデータに対しての精度が下がってしまう過学習という現象が起きる.この問題に対して SVM は,モデルの複雑さを VC 次元(Vapnik-Chervonenkis dimension)と呼ばれる尺度で数学的に定義し,訓練データにおける分類誤りとモデルの複雑さ(VC 次元)にもとづいて,未知データに対する分類誤りを最小にする分類器を構成する.詳細は省略するが,この方法は構造的リスク最小化(structural risk minimization)と呼ばれ,未知データに対する誤りの期待値を最小にするにはマージンを最大にすればよいことを導出できる.

また,多くの機械学習法は,扱うデータの次元数が増加すると学習に必要な計算量や記憶容量が急激に増加する,いわゆる「次元の呪い」(curse of dimensionality)という問題があり,高次元の特徴空間を扱うことがむずかしい.しかし,SVM で重要なのは次元ではなく複雑さ(VC 次元)なので,非常に高次元のベクトルを入力として扱える.これはテキスト分類のようにできるだけ多くの単語を特徴量として扱いたい場合に有利である.Dumais et al.(1998)では,SVM は Rocchio,決定木,ナイーブベイズ等より分類

性能が優れていると報告している．

なお，SVM やブースティングは large margin classifier と呼ばれる．ブースティングではマージンは，全サンプルの分類境界面までの距離コストの和で表現されているのに対し，SVM ではサポートベクトルの通る超平面間の距離となっているところが異なっている．

4.8 今後の課題

おそらく多くの人が「分類」という言葉に対して思い浮かべるイメージは，図書館で使われる十進分類法や，「Yahoo!」などのインターネットディレクトリのような階層構造をもった分類体系だろう．本章で紹介したテキスト分類は，すべてフラットな複数カテゴリへの分類だったが，最近では，Web 文書を「Yahoo!」のような階層構造をもつカテゴリに分類する研究がおこなわれている(Dumais and Chen, 2000)．

AdaBoost や SVM は 2 値分類器なので，これらをどうやって多値分類に拡張するかは重要な問題である．もっとも代表的な方法は，one-against-all 法と all-pairs 法である．**one-against-all** 法は，着目しているクラスとそれ以外のクラスに分類する 2 値分類器をクラスの個数だけ作成する．**all-pairs** 法は，2 つのクラスを分類する 2 値分類器をクラスの対の個数だけ作成する．どちらも最終的なクラスは多数決で決める．Allwein *et al.*(2000)では，one-against-all と all-pairs を包含する一般的な方法として **ECOC**(error correcting output coding)を提案し，訓練データに対する誤りの上限やテストデータに対する誤りの上限を議論している．

一般に，ラベル付きデータを作成するコストは非常に大きいので，少量のラベル付きデータと大量のラベルなしデータを組み合わせて高精度な分類器を構成できれば非常にありがたい．このようなアプローチは minimally supervised または weakly supervised learning と呼ばれる．これまでにナイーブベイズと EM の組み合わせ(Nigam *et al.*, 2000)，トランスダクティブ SVM 法(Joachims, 1999)などが提案されており，今後の発展が期待できる．

テキスト分類は，大量の学習データ（数万文書程度）から多数の素性（数千単語程度）を選択して分類器を構成し，2個から数十個程度のクラスに分類することが要求されるため，新しい学習理論の実用性を試す格好の実験場となっている．しかも実用性が高く，ビジネスへの展開も夢ではない．読者の皆さんの中に，もし分類器の学習アルゴリズムに関する優れたアイディアをお持ちの方がおられれば，ぜひ一度，この分野に挑戦してみてはいかがだろうか？

5 統計的機械翻訳

インターネットの普及により，英語・中国語・韓国語などの外国語で書かれた Web ページに接する機会が飛躍的に増えた．「Google」の 2000 年の調査によれば，全世界の Web ページの 76.59％ が英語であり，つづいて日本語 2.77％，ドイツ語 2.28％，中国語 1.69％，フランス語 1.09％，スペイン語 0.81％，韓国語 0.65％ の順である(Google, 2000)．言葉がわからないという理由で，インターネットの大部分を占める英語の情報や，近隣諸国で日本語に匹敵する規模をもつ中国語や韓国語の情報を活用できないようでは世界的な競争の中で生き残れない．

コンピュータを利用してある言語を別の言語に翻訳する技術は**機械翻訳**(machine translation)と呼ばれる．機械翻訳の研究はコンピュータの誕生とほぼ同時に 1950 年代から始まり，今日ではさまざまな言語の間での機械翻訳ソフトウェアが製品化されている．

機械翻訳の研究の歴史や代表的な機械翻訳手法については他の教科書を参考にしていただきたい(長尾, 1996; 田中, 1999; 宮平ほか, 2000 など)．本章では，従来の機械翻訳手法が抱えている問題点を解決するまったく新しいアプローチとして近年注目されている，**統計的機械翻訳**(statistical machine translation)と呼ばれる技術だけに焦点を絞って解説する．

従来の機械翻訳システムでは，新しい言語間の翻訳を実現するために，ま

ず数人から数十人の専門家が何年もの歳月をかけて言語知識のデータベースを構築する必要があった．また，人間は，言語運用能力や常識を活用して曖昧な表現を文脈にもとづいて解釈する能力をもっているが，従来の機械翻訳システムは，複数の解釈の可能性が存在する場合に，それらを順位付ける有効な戦略が存在せず，構文解析や訳語選択に失敗して意味不明の翻訳結果を出力することが少なくなかった．

統計的機械翻訳では，たがいに翻訳になっている文の対から翻訳規則や対訳辞書に相当する確率モデルを自動的に学習する．これにより，新しい言語間の翻訳システム(たとえば日本語とアラビア語)や，特定の専門分野に特化した翻訳システム(たとえば生命科学)を短期間に低コストで作成することが目標である．

統計的な手法にもとづく機械翻訳の基本的な枠組みは，IBM のワトソン研究所の音声認識グループにより提案された(Brown *et al.*, 1990, 1993)．以下では，フランス語から英語への翻訳を例として，この統計的機械翻訳について解説する[*6]．

5.1　雑音のある通信路のモデル

一般に，あるフランス語の文に対してさまざまな英語の文への翻訳が考えられる．統計的機械翻訳では，あるフランス語の文 f に対してすべての英語の文 e が翻訳になりうると考え，すべての文の対 (e, f) に対して「翻訳家が f を e に翻訳する可能性」に相当する確率 $P(e|f)$ を割り当てる．このとき，与えられた f に対して確率 $P(e|f)$ を最大にする $\hat{e}$ を選べば，フランス語を英語に翻訳するさいの誤りを最小にできる．ベイズの法則により，結局 $P(e)P(f|e)$ を最大にするものを探せばよいことがわかる．

$$\hat{e} = \arg\max_e P(e|f) = \arg\max_e P(e)P(f|e) \quad (28)$$

式(28)は，図11に示す「雑音のある通信路モデル」(noisy channel model)

[*6] フランス語から英語への翻訳の例は日本人にとっては馴染みにくい．しかし，統計的機械翻訳の分野では，数学的な形式化が複雑なために，他の言語対の場合でもフランス語から英語への翻訳に置き換えて議論することが通例となっており，本章もこれに従う．

を言語翻訳に適用したことを意味する．翻訳すべきフランス語の文は，非常に雑音の多い通信路により英語がフランス語に変形したものだとみなし，これを元の英語の文へ復元する処理が言語翻訳であると考える．

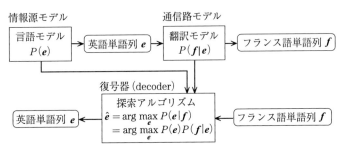

図 11 雑音のある通信路モデルによる機械翻訳

一般に，英語の文の事前確率 $P(e)$ を計算するためのモデルを**言語モデル**(language model)，英語の文が与えられたときのフランス語の文の条件付き確率 $P(f|e)$ を計算するためのモデルを**翻訳モデル**(translation model)と呼ぶ．また，言語翻訳は雑音のある通信路による符号化(encode)の逆過程という解釈から，$P(e)P(f|e)$ を最大化する英語の文を探索する処理をデコード(decode, 復号)，復号を実行する処理系をデコーダ(decoder, 復号器)と呼ぶ．

直接 $P(e|f)$ を最大化する単語列を求めない理由は，後述するように，現状では翻訳モデルを推定するために大胆な近似を導入しているので，おかしな文にも翻訳モデルが大きな確率を割り当てる可能性があるためである．翻訳モデルは，フランス語の単語列に対して語彙的・配列的にほぼ対応する英語の単語列に対して大きな確率を与える．いっぽう，言語モデルは，フランス語との対応は関係なく，文法的に正しい英語の単語列に対して大きな確率を与える．両者を併用することにより，不完全な翻訳モデルでも正しい翻訳を得られる可能性が高くなる．

図11より，統計的機械翻訳は，言語モデル確率の推定，翻訳モデル確率の推定，最尤単語列の探索(復号アルゴリズムの設計)という3つの部分問題から構成されることがわかる．言語モデルは，音声認識や形態素解析で

使用するもの(単語 N-gram モデルなど)と同じなので，本章では翻訳モデルと復号アルゴリズムについて解説する．その準備として，以下では文対応と単語対応について説明する．

5.2　2言語対応付け

(a)　文の対応付け

翻訳モデル $P(\boldsymbol{f}|e)$ を統計的に推定するためには大量の翻訳例が必要である．同じ内容を 2 つの言語で記述したテキストを並行テキスト(parallel text)または 2 言語コーパス(bilingual corpus)と呼ぶ．

並行テキストとしては，カナダの国会議事録であるハンザード(Hansards)が有名である．ハンザード・コーパス(Hansard Corpus)は，機械可読な 1 億語以上の英仏並行テキストとして，統計的機械翻訳の研究に広く用いられている．その他，香港の議会議事録(英語と中国語)，国連や EU の刊行物，多国籍企業の製品マニュアル，辞書の対訳例文などが並行テキストの例としてあげられる．

翻訳例を得るためには，まず，並行テキストを文レベルで対応付ける必要がある．これを文対応付け(sentence alignment)と呼ぶ．ハンザード・コーパスでは，約 90% は 1 つの英語文が 1 つのフランス語文と対応するが，2 つの文が 1 つの文に対応したり，対応する文が存在しないことも稀ではない．

並行テキストの文の対応付けは，「対応する文どうしの長さはほぼ等しい」という性質を利用する方法が一般的である．これには，文中の単語数を文の類似度の尺度として対応付けされた文を生成する隠れマルコフモデルを用いる方法(Brown et al., 1991)と，文中の文字数を文の類似度の尺度として動的計画法を用いる方法(Gale and Church, 1993)が知られている．

しかし，実際には，並行テキストは，英仏間の国会議事録のように言語対や分野が限定されていたり，新聞や雑誌の翻訳のように高額な使用ライセンスを必要とする場合が多い．そこで，より多くのバリエーションを安価に得るために，2 言語文書を Web から収集する試みもある(Resnik, 1999)．

また関連する話題として，翻訳モデルの推定のために対訳文を収集することではなく，2言語辞書(bilingual lexicon)を自動構築することが目的である場合には，コンパラブルテキスト(comparable text)を利用する方法が研究されている．コンパラブルテキストとは，同じ事件に関する日本語と英語の新聞記事のように，完全に対応しているわけではないが，ほぼ同等の内容をもつテキスト対を指す．FungとYee(1998)ではコンパラブルテキストから新語とその訳語を収集する方法が提案されている．また，Nagata et al.(2001)では，技術文献などに頻繁にみられる日本語と英語が混在するテキストを**部分2言語テキスト**(partially bilingual text)と呼び，Webに存在する部分2言語テキストから専門用語の訳語を検索する方法を提案している．

(b) 単語の対応付け

たがいに相手の翻訳になっている文(単語列)の対を**翻訳**(translation)と呼び，(Quelle heure est-il? | What time is it?)というように，2つの文を縦棒で区切り括弧で囲むことで表わす．2つの文の間における**単語対応付け**(word-by-word alignment または word alignment)とは，たとえばフランス語の各単語について，それと対応する英語の単語を示すことである．

図12に単語対応の例を示す．図12において線で表現されている，英語の単語とフランス語の単語の対応を**接続**(connection)と呼ぶ．単語対応は，(Le programme a été mis en application | And the(1) program(2) has(3) been(4) implemented(5, 6, 7))のように，英語の単語の後ろに接続されるフランス語の単語の位置を示すことで表わす．この際，どの英語の単語にも接続されないフランス語の単語は，英語の位置0に存在する**空**(empty)の単語NULLに接続されると考える．

図12 単語対応付けの例(Brown et al.(1993)の図1より)

統計的機械翻訳では，すべての対応付けはある確率をともなって正しいと考える．たとえば，(Le programme a été mis en application | And(1,2,3,4,5,6, 7) the program has been implemented)も可能な対応付けのひとつだが，その確率は図12の単語対応よりもずっと小さくなる．

5.3 IBM 翻訳モデル

Brown $et\ al.$(1993)では，順番に少しずつ複雑になるモデル1からモデル5までの5つの翻訳モデルを提案しており，これらは一般に「IBM翻訳モデル」と呼ばれる．

フランス語の文 $\boldsymbol{f}$ と英語の文 $\boldsymbol{e}$ がたがいに翻訳になっており，その単語対応が $\boldsymbol{a}$ であるような同時確率分布 $P(\boldsymbol{f},\boldsymbol{a},\boldsymbol{e})$ を考えると，$P(\boldsymbol{f}|\boldsymbol{e})$ は，すべての単語対応に関する条件付き確率 $P(\boldsymbol{f},\boldsymbol{a}|\boldsymbol{e})$ の和として表わすことができる．

$$P(\boldsymbol{f}|\boldsymbol{e}) = \sum_{a} P(\boldsymbol{f},\boldsymbol{a}|\boldsymbol{e}) \qquad (29)$$

IBM翻訳モデルでは，英語からフランス語への翻訳モデルの場合，英語の単語は1対 n の接続をもち，フランス語の単語は1つの接続しかもたない，すなわち，フランス語の単語は英語の1つの単語に接続するかまたは接続する単語がない(位置0の空の単語に接続する)という制限を加える．これにより，長さ l の英語の文 $\boldsymbol{e} = e_1^l = e_1\cdots e_l$ と長さ m のフランス語の文 $\boldsymbol{f} = f_1^m = f_1\cdots f_m$ に対して，単語対応 $\boldsymbol{a}$ は $a_1^m = a_1\cdots a_m$ $(a_j = i, 0 \leq i \leq l)$ と表現できる．

英語の文の長さが l，フランス語の文の長さが m のとき，一般には，フランス語の単語と英語の単語の接続は lm 通り，単語対応は 2^{lm} 通りある．上記の制約を加えると，言語対に対して翻訳モデルが非対称になるという問題はあるが，単語対応の総数が大幅に減って $(l+1)^m$ 通りとなり，パラメータの推定が容易になる．

各翻訳モデルのパラメータはEMアルゴリズムを用いて推定する．局所的な最適値に陥ることを避けるために，同じ訓練データに対して，より簡

単なモデルのパラメータの推定値をつぎのモデルのパラメータの初期値とするという手順によりモデルを推定する.以下ではこの5つの翻訳モデルを順番に説明する.

(a) モデル1

一般性を失うことなく,$P(\boldsymbol{f},\boldsymbol{a}|\boldsymbol{e})$ は以下のように分解できる.

$$P(\boldsymbol{f},\boldsymbol{a}|\boldsymbol{e}) = P(m|\boldsymbol{e})\prod_{j=1}^{m}P(a_j|a_1^{j-1},f_1^{j-1},m,\boldsymbol{e})P(f_j|a_1^{j},f_1^{j-1},m,\boldsymbol{e}) \tag{30}$$

これは翻訳過程を,(1)英語の文 e にもとづいてフランス語の長さ m を決める,(2)フランス語の $j-1$ 番目までの単語(f_1^{j-1})と接続先(a_1^{j-1})にもとづいてフランス語の j 番目の単語が英語のどの単語に接続するか(a_j)を決める,(3)フランス語の j 番目までの単語の接続先(a_1^j)と $j-1$ 番目までの単語(f_1^{j-1})にもとづいてフランス語の j 番目の単語(f_j)を決める,という3つのステップに分解する考え方であり,モデル1とモデル2はこの分解にもとづいている[*7].

モデル1では,フランス語の文の長さの確率は m に依存せず定数,すなわち $P(m|\boldsymbol{e}) = \epsilon$ とする.また,すべての単語対応は等確率で英語の文の長さ l だけに依存する,すなわち $P(a_j|a_1^{j-1},f_1^{j-1},m,\boldsymbol{e}) = (l+1)^{-1}$ とする.さらに,フランス語の単語 f_j は接続された英語の単語 e_{a_j} だけに依存して決まると仮定する.すなわち $P(f_j|a_1^{j},f_1^{j-1},m,\boldsymbol{e}) = t(f_j|e_{a_j})$ とし,$t(f_j|e_{a_j})$ を**翻訳確率**(translation probability)と呼ぶ.

以上より,モデル1において,英語の文が与えられたときのフランス語の文と単語対応の同時確率は次式のようになる.

$$P(\boldsymbol{f},\boldsymbol{a}|\boldsymbol{e}) = \frac{\epsilon}{(l+1)^m}\prod_{j=1}^{m}t(f_j|e_{a_j}) \tag{31}$$

すべての対応付けに関する $P(\boldsymbol{f},\boldsymbol{a}|\boldsymbol{e})$ の和から $P(\boldsymbol{f}|\boldsymbol{e})$ を求める.このさ

[*7] 翻訳過程を分解する方法は式(30)以外にもさまざまな可能性が考えられる.翻訳過程を分解する方法と分解された構成要素を近似する方法の違いによりさまざまな翻訳モデルが導出される.

いに，モデル 1 には，翻訳確率の積の総和を総和の積に置き換えられるという重要な性質があり，非常に効率的な計算が可能になる．

$$P(\bm{f}|\bm{e}) = \frac{\epsilon}{(l+1)^m} \sum_{a_1=0}^{l} \cdots \sum_{a_m=0}^{l} \prod_{j=1}^{m} t(f_j|e_{a_j}) = \frac{\epsilon}{(l+1)^m} \prod_{j=1}^{m} \sum_{i=0}^{l} t(f_j|e_i) \quad (32)$$

ラグランジェの未定係数法を使って $\sum_f t(f|e) = 1$ という制約のもとで $P(\bm{f}|\bm{e})$ を最大化するという問題を解くと，与えられた対訳文 $(\bm{f}, \bm{e})$ において英語の単語 e がフランス語の単語 f に接続する回数の期待値を求める次式が得られる．

$$C(f|e; \bm{f}, \bm{e}) = \frac{t(f|e)}{t(f|e_0) + \cdots + t(f|e_l)} \sum_{j=1}^{m} \delta(f, f_j) \sum_{i=0}^{l} \delta(e, e_i) \quad (33)$$

δ はクロネッカーのデルタ関数を表わし，2 つの引数が等しいときに 1，それ以外は 0 となる．上の式は，単語 e が単語 f に翻訳される確率を正規化したものと，単語 f が文 $\bm{f}$ に出現する回数と，単語 e が文 $\bm{e}$ に出現する回数の積である．

したがって，翻訳確率は以下のような **EM**(expectation maximization, 期待値最大化)アルゴリズムにより求めることができる．モデル 1 の極大値は 1 つしかないので，初期値に関係なく $t(f|e)$ は最適値に収束する．

1. $t(f|e)$ に適当な初期値を設定する．
2. 式(33)により $t(f|e)$ を用いて対訳文の集合 $(\bm{f}^{(s)}, \bm{e}^{(s)}), 1 \leq s \leq S$ において e が f に接続する回数の期待値を求める．
3. 次式により $t(f|e)$ を再推定する．

$$t(f|e) = \frac{\sum_s C(f|e; \bm{f}^{(s)}, \bm{e}^{(s)})}{\sum_f \sum_s C(f|e; \bm{f}^{(s)}, \bm{e}^{(s)})} \quad (34)$$

4. ステップ 2 とステップ 3 を収束するまで繰り返す．

EM アルゴリズムは，反復改善法によりパラメータを最尤推定するアルゴリズムである．まず適当な初期値を設定し，つぎに各パラメータの頻度を推定する期待値ステップ(expectation step)と，頻度の期待値に比例する値で各パラメータの期待値を更新する最大化ステップ(maximization step)を

繰り返す．パラメータの推定値は初期値に依存する極大値へ収束する（北, 1999）．

例として，英語から日本語への翻訳において $(\boldsymbol{f}^1, e^1) =$ (machine translation| 機械 翻訳) と $(\boldsymbol{f}^2, e^2) =$ (translation| 翻訳) という2つの対訳文データが与えられた場合の翻訳確率の1回目の再推定のようすを示す[*8]．

単語対応は図13に示すようにそれぞれ9通りと2通りである．初期値としてすべての翻訳確率を等しくすると，単語は2種類しかないので，$t(f|e) = 1/2$ となる．初期状態ではすべての対応付けの確率は等しいから，e が f に接続する回数の期待値 $C(f|e)$ は，図13において，対応付け確率の重みをつけた上で e が f に接続する回数を数えれば求められる．

$$\sum_{s=1}^{2} C(\text{machine}|翻訳) = 1/9 + 1/9 + 1/9 = \frac{1}{3}$$

$$\sum_{s=1}^{2} C(\text{translation}|翻訳) = 1/9 + 1/9 + 1/9 + 1/2 = \frac{5}{6}$$

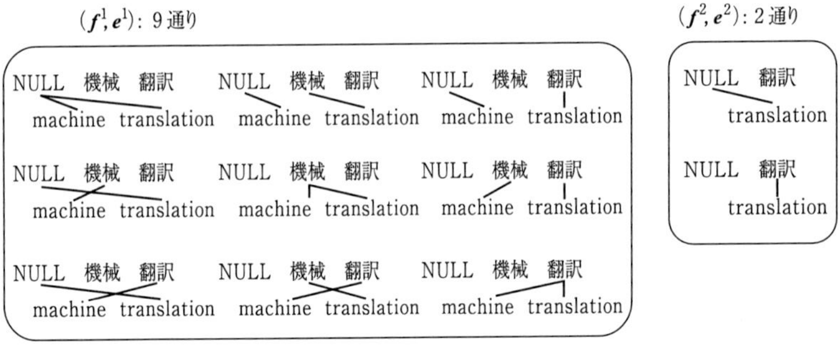

図 13　モデル1による翻訳確率の再推定の例

上記の計算手順は式(32)において積と総和の順序を入れ替える前の式にもとづいて期待値を計算する方法に相当する．直感的にはこちらのほうがわかりやすいが，この方法は単語対応を数え上げるのに $O(ml^m)$ の計算量が必要である．しかし，式(32)において積と総和の順序を入れ替えた後の式から導出された式(33)にもとづいて以下のように期待値を求めると，計

[*8] この例では英語が f，日本語が e であることに注意．

算量は $O(lm)$ となり，効率的な計算が可能になる．

$$\sum_{s=1}^{2} C(\text{machine}|\text{翻訳})$$
$$= \frac{t(\text{machine}|\text{翻訳})}{t(\text{machine}|\text{NULL}) + t(\text{machine}|\text{機械}) + t(\text{machine}|\text{翻訳})}$$
$$= \frac{1/2}{1/2 + 1/2 + 1/2} = \frac{1}{3}$$

$$\sum_{s=1}^{2} C(\text{translation}|\text{翻訳})$$
$$= \frac{t(\text{translation}|\text{翻訳})}{t(\text{translation}|\text{NULL}) + t(\text{translation}|\text{機械}) + t(\text{translation}|\text{翻訳})}$$
$$+ \frac{t(\text{translation}|\text{翻訳})}{t(\text{translation}|\text{NULL}) + t(\text{translation}|\text{翻訳})}$$
$$= \frac{1/2}{1/2 + 1/2 + 1/2} + \frac{1/2}{1/2 + 1/2} = \frac{1}{3} + \frac{1}{2} = \frac{5}{6}$$

当然ながら，どちらの方法を用いても期待値の値は同じである．期待値が求まれば，式(34)を用いて以下のように翻訳確率を再推定できる．

$$t(\text{machine}|\text{翻訳}) = \frac{1/3}{1/3 + 5/6} = \frac{2}{7}$$
$$t(\text{translation}|\text{翻訳}) = \frac{5/6}{1/3 + 5/6} = \frac{5}{7}$$

（b） モデル 2

すべての単語対応が等確率というモデル 1 の仮定をより現実的にするために，モデル 2 ではフランス語の単語 f_j を接続する英語の単語の位置 a_j は，フランス語の単語の位置 j と英語の文の長さ l とフランス語の文の長さ m に依存すると仮定する，すなわち $P(a_j|a_1^{j-1}, f_1^{j-1}, m, e) = a(a_j|j, m, l)$ とし，$a(a_j|j, m, l)$ を対応付け確率 (alignment probability) と呼ぶ．

対応付け確率を導入すると式(32)は次式のようになる．モデル 1 と同様に，モデル 2 でも和と積の順序を交換できるので，非常に計算効率がよい．

$$P(\boldsymbol{f}|\boldsymbol{e}) = \epsilon \sum_{a_1=0}^{l} \cdots \sum_{a_m=0}^{l} \prod_{j=1}^{m} t(f_j|e_{a_j})a(a_j|j,m,l)$$
$$= \epsilon \prod_{j=1}^{m} \sum_{i=0}^{l} t(f_j|e_{a_j})a(a_j|j,m,l) \tag{35}$$

ラグランジェの未定係数法を使って，$\sum_{f} t(f|e) = 1$ および $\sum_{i=0}^{l} a(i|j,m,l) = 1$ という制約のもとで式(35)を最大化するという問題を解くと，与えられた対訳文 $(\boldsymbol{f}, \boldsymbol{e})$ において単語 e が単語 f に接続する回数の期待値，および，英語の単語位置 i がフランス語の単語位置 j に接続される回数の期待値を求める式が得られる．

$$C(f|e;\boldsymbol{f},\boldsymbol{e}) = \sum_{j=1}^{m}\sum_{i=0}^{l} \frac{t(f|e)a(i|j,m,l)\delta(f,f_j)\delta(e,e_i)}{t(f|e_0)a(0|j,m,l)+\cdots+t(f|e_l)a(l|j,m,l)} \tag{36}$$

$$C(i|j,m,l;\boldsymbol{f},\boldsymbol{e}) = \frac{t(f_j|e_i)a(i|j,m,l)}{t(f_j|e_0)a(0|j,m,l)+\cdots+t(f_j|e_l)a(l|j,m,l)} \tag{37}$$

翻訳確率 $t(f|e)$ および対応付け確率 $a(i|j,m,l)$ の適当な初期値を設定し，訓練データとなる対訳文の集合における $C(f|e;\boldsymbol{f},\boldsymbol{e})$ と $C(i|j,m,l;\boldsymbol{f},\boldsymbol{e})$ の総和を求め，これを正規化することにより $t(f|e)$ と $a(i|j,m,l)$ を再推定できる(EM アルゴリズム)．

モデル2は複数の極大値をもつので，上記の再推定は必ずしも最適値に収束するとは限らない．しかし，モデル2において $a(i|j,m,l) = (l+1)^{-1}$ とすればモデル1を導出でき，かつ，モデル1は最適値に収束することが保証されているので，モデル1で求めたパラメータをモデル2のパラメータの初期値として使用すれば，モデル2のパラメータの推定精度を高めることができる．

(c) モデル3

英語の "the" は，通常はフランス語の "le"，"la"，"l'" などに翻訳されるが，フランス語では省略されることもある．また，英語の "only" は通常は "seulement" に翻訳されるが，2つの単語 "ne $\cdots$ que" に翻訳されることも

ある．そこで，ある単語対応において英語の単語 e が接続されるフランス語の単語の数を e の繁殖数(fertility)と呼ぶ．また，フランス語の単語と，それが接続されている英語の単語は，ほぼ同じ位置に現われることが多いが，両者が離れた位置に現われることもある．この現象を歪み(distortion)と呼ぶ．

繁殖数や歪みという現象は，モデル 1 やモデル 2 では間接的に表現されている．これに対してモデル 3 では，翻訳過程を，(1)英語の各単語についてそれが接続されるフランス語の単語数を決める，(2)フランス語の単語を決める，(3)フランス語の単語列の中での単語位置を決める，という 3 つのステップから構成されると仮定し，以下の 3 つパラメータにより繁殖数と歪みを直接的に表現する．

1. 繁殖確率 $n(\phi|e)$: 英語の単語 e が ϕ 個のフランス語の単語に接続される確率
2. 翻訳確率 $t(f|e)$: 英語の単語 e がフランス語の単語 f に翻訳される確率
3. 歪み確率 $d(j|i,l,m)$: 英語の文の長さが l で，フランス語の文の長さが m のときに，英語の単語位置 i がフランス語の単語位置 j に接続される確率

たとえば，図 12 の単語対応に対するモデル 3 における $P(\boldsymbol{f},\boldsymbol{a}|e)$ は(定数部分を除いて)以下のようになる．

$$
\begin{aligned}
&P(\boldsymbol{f},\boldsymbol{a}|e) \\
&\propto\ n(0|\text{and})\times \\
&\quad n(1|\text{the})\times \quad\quad\quad t(\text{le}|\text{the})\times \quad\quad\quad\quad\quad\ d(1|2,6,7)\times \\
&\quad n(1|\text{program})\times \quad\ t(\text{programme}|\text{program})\times \quad d(2|3,6,7)\times \\
&\quad n(1|\text{has})\times \quad\quad\quad t(\text{a}|\text{has})\times \quad\quad\quad\quad\quad\ \ d(3|4,6,7)\times \\
&\quad n(1|\text{been})\times \quad\quad\ t(\text{été}|\text{been})\times \quad\quad\quad\quad\quad d(4|5,6,7)\times \\
&\quad n(3|\text{implemented})\times\ t(\text{mis}|\text{implemented})\times \quad\ \ d(5|6,6,7)\times \\
&\quad\quad\quad\quad\quad\quad\quad\quad\quad\ \ t(\text{en}|\text{implemented})\times \quad\ \ \ d(6|6,6,7)\times \\
&\quad\quad\quad\quad\quad\quad\quad\quad\quad\ \ t(\text{application}|\text{implemented})\times\ d(7|6,6,7)
\end{aligned}
$$

(38)

式(38)の右辺の 1 行目 $n(0|\text{and})$ は and の繁殖数が 0 である確率を表わす．2 行目の $n(1|\text{the})$ は the の繁殖数が 1 である確率，$t(\text{le}|\text{the})$ は the と le が接続する確率，$d(1|2,6,7)$ は英語の文の長さが 6 でフランス語の文の長さが 7 のときに英語の単語位置 2 がフランス語の単語位置 1 に接続する確率を表わす．最後の 3 行は英語の implemented の繁殖数が 3 であり，これがフランス語の mis en application に接続し，英語の単語位置 6 がフランス語の単語位置 5, 6, 7 に接続されることを表わす．

式(38)はモデル 3 の中心部分を表現しているが，モデル 3 の完全な定義を導くには，あと 2 つ考慮すべき点がある．

モデル 3 では，英語の単語 e_i を ϕ_i 個のフランス語の単語に接続する場合，英語の単語 e_i を ϕ_i 個コピーしてからフランス語の単語に置き換え，フランス語の文の単語位置を決めると仮定する．英語の単語をコピーした後にフランス語に置き換えるさいのフランス語の単語の並べ方は $\phi_i!$ 通りあるので，同じ単語対応が $\phi_i!$ 通り存在する．

モデル 3 では，空の単語(NULL)の繁殖数 ϕ_0，すなわち，英語の単語に接続されないフランス語の単語の数の確率は，NULL 以外の英語の単語から生成されたフランス語の各単語の後に NULL から生成される単語を確率 p_1 で挿入すると考え，次式により決める．

$$P(\phi_0|\phi_1^l, \boldsymbol{e}) = \begin{pmatrix} \phi_1 + \cdots + \phi_l \\ \phi_0 \end{pmatrix} p_0^{\phi_1 + \cdots + \phi_l - \phi_0} p_1^{\phi_0} \quad (39)$$

ここで $p_0 + p_1 = 1$ である．さらに，NULL から生成された単語は，他のフランス語の単語を生成した後，空いている場所に並べると考え，歪み確率を $1/\phi_0!$ とする．

以上より，モデル 3 の $P(\boldsymbol{f}, \boldsymbol{a}|\boldsymbol{e})$ は以下のように定義される．($\sum_{i=0}^{l} \phi_i = m$ であることに注意．)

$$P(\boldsymbol{f},\boldsymbol{a}|\boldsymbol{e}) = \binom{m-\phi_0}{\phi_0} p_0^{m-2\phi_0} p_1^{\phi_0} \qquad (40)$$

$$\prod_{i=1}^{l} n(\phi_i|e_i) \prod_{i=0}^{l} \phi_i!$$

$$\prod_{j=1}^{m} t(f_j|e_{a_j})$$

$$\frac{1}{\phi_0!} \prod_{j:a_j \neq 0}^{m} d(j|a_j, m, l)$$

モデル 3 には,EM アルゴリズムの期待値を効率的に計算する方法がない.モデル 1 およびモデル 2 のように $P(\boldsymbol{f}|\boldsymbol{e}) = \sum_{\boldsymbol{a}} P(\boldsymbol{f},\boldsymbol{a}|\boldsymbol{e})$ を求めるさいに積と和の順序の交換ができないので,すべての単語対応を列挙する必要がある.これは膨大な計算を必要とするので,比較的大きな確率をもつ単語対応から構成される部分集合における頻度の和によって期待値の計算を近似する.

文 $\boldsymbol{f}$ と文 $\boldsymbol{e}$ のすべての単語対応の集合の中でもっとも確率が大きい単語対応をビタビ対応(Viterbi alignment)と呼び,$V(\boldsymbol{f}|\boldsymbol{e})$ と表わす.また,ある単語対応 $\boldsymbol{a}$ の近傍(neighborhood) $\mathcal{N}(\boldsymbol{a})$ を,1 つのフランス語の単語の接続先をある英語の単語から別の英語の単語へ移動した単語対応,および,2 つのフランス語の単語の接続先を交換した単語対応の集合と定義する.

基本的には,ビタビ対応とその近傍から構成される単語対応の部分集合における頻度の和で EM アルゴリズムの期待値を近似すればよい.ところが,モデル 2 のビタビ対応 $V(\boldsymbol{f}|\boldsymbol{e})$ は簡単に求められるが[*9],モデル 3 にはビタビ対応を求める効率的な方法が存在しない.

幸いなことに,モデル 3 にはある単語対応 $\boldsymbol{a}$ の近傍にある単語対応 $\boldsymbol{a}'$ の確率を,$\boldsymbol{a}$ の確率から効率よく求められるという性質がある.たとえば,単語対応 $\boldsymbol{a}$ において j の接続先を i から i' に変更することにより単語対応 $\boldsymbol{a}'$ が得られたとする.もし i および i' が 0 でなければ,$\boldsymbol{a}$ と $\boldsymbol{a}'$ の間には以下の関係が成り立つ.

[*9] すべての j について $t(f_j|e_{a_j})a(a_j|j,m,l)$ が最大となる a_j を求めればよい.

$$P(\boldsymbol{a}'|\boldsymbol{e},\boldsymbol{f})$$
$$=P(\boldsymbol{a}|\boldsymbol{e},\boldsymbol{f})\frac{(\phi_{i'}+1)}{\phi_i}\frac{n(\phi_{i'}+1|e_{i'})}{n(\phi_{i'}|e_{i'})}\frac{n(\phi_i-1|e_i)}{n(\phi_i|e_i)}\frac{t(f_j|e_{i'})}{t(f_j|e_i)}\frac{d(j|i',m,l)}{d(j|i,m,l)}$$
(41)

そこで，モデル2のビタビ対応 $V(\boldsymbol{f}|\boldsymbol{e};2)$ を出発点として，その近傍で確率最大の単語対応を選択するという山登り（hill climbing）の操作を繰り返して到達できる確率最大の単語対応により，モデル3のビタビ対応を近似する．さらに，モデル2のビタビ対応においてある接続 $a_j=i$ を固定（peg）した状態で上記の山登りをおこなって到達した確率最大の単語対応およびその近傍を加えれば，（比較的確率が大きく）よりバラエティに富んだ単語対応付けの部分集合を構成できる．

(d) モデル4とモデル5

多くの場合，英語の名詞句や動詞句はフランス語の名詞句や動詞句として翻訳される．しかし，モデル3の歪み確率 $d(j|i,m,l)$ は，名詞句や動詞句などの句（phrase）が1つの単位として移動することを直接的に表現できない．そこでモデル4では，英語の単語 e_i に接続するフランス語の単語の位置 j を，直前の英語の単語 e_{i-1} に接続するフランス語の単語の位置 j' からの相対位置 $j-j'$ で指定する．

また，モデル3の歪み確率は接続する単語の位置を指定するだけなので，英語の形容詞は名詞の前に出現するが，フランス語の形容詞は名詞の後に出現するというように，接続する2つの単語に歪みが依存する場合を表現できない．そこでモデル4では，英語において連続する2つの単語に接続するフランス語の2つの単語の相対位置 $j-j'$ が，直前の英語の単語の品詞と現在のフランス語の単語の品詞に依存すると仮定する．

ただし，英語の単語の繁殖数が0の場合および2以上の場合を考慮しないといけないので，モデル4の定義はやや複雑である．まず，繁殖数が1以上の英語の単語に対応するフランス語の単語リストの中で，フランス語

の文のもっとも左側に配置された単語を head と定義する*10．モデル 4 では，モデル 3 の $d(j|i,m,l)$ の代わりに，head の位置を決める d_1 と head 以外の単語の位置を決める $d_{>1}$ を使用する．

e_i が head の場合，これに接続するフランス語の単語の位置 j を以下のように決定する．

$$d_1(j - j'|\text{class}(e_{[i-1]}), \text{class}(f_j)) \tag{42}$$

ここで，$e_{[i-1]}$ は e_i の直前の(繁殖数が 0 でない)英語の単語を表わし，j' は $e_{[i-1]}$ に接続するフランス語の単語の位置(複数ある場合は平均を切り上げた整数値)を表わす．また，class( ) は単語の品詞を表わす．ただし，品詞は言語学的な分類ではなく，単語クラスタリング手法により自動的に作成された 50 個程度の単語クラスを使用する．

e_i が head ではない場合，相対位置は，これに接続するフランス語の単語の品詞だけに依存すると考える．ここでの j' は同じ e_i に接続する，直前に配置されたフランス語の単語の位置である．

$$d_{>1}(j - j'|\text{class}(f_j)) \tag{43}$$

モデル 4 のパラメータ推定は，モデル 3 とほぼ同じである．モデル 1 やモデル 2 のように期待値を効率的に計算する方法がないので，比較的大きな確率をもつ単語対応の部分集合における頻度の和によって，EM アルゴリズムの期待値の計算を近似する．式(41)に相当する $P(\boldsymbol{a}|\boldsymbol{e}, \boldsymbol{f})$ の漸進的な計算が(複雑ではあるが)可能なので，モデル 3 のビタビ対応(の近似)から出発し，山登り法によりモデル 4 のビタビ対応を求めることができる．

じつは，モデル 3 およびモデル 4 は不完全(deficient)であり，文字列ではないものに確率を割り当てるという問題がある．モデル 3 の歪み確率は，それ以前に割り当てたフランス語の単語の位置をまったく考慮していないので，複数の単語を同じ位置に配置したり，単語が配置されない位置が生じる．モデル 4 も，1 つ前に配置した単語の位置しか考慮しないので同じ問題をもつ．モデル 4 では文頭より前や文末より後に単語を配置する可能性もある．

---

*10　この head は言語学における主辞(head)とは異なる概念である．

モデル5は，この不完全性を解決するために，必ず単語を空いている位置に配置するような制約を加えたものである．その詳細についてはBrown et al.(1993)を参照していただきたい．

OchとNey(2000)では，IBMの5つの翻訳モデル，および，隠れマルコフモデル(HMM)による翻訳モデルの単語対応付け精度を比較している．隠れマルコフモデルによる翻訳モデルは，次式のように，フランス語において連続する2つの単語に接続する英語の2つの単語の位置が1次マルコフ過程により決まると仮定する．

$$P(\boldsymbol{f}, \boldsymbol{a}|\boldsymbol{e}) = p(m|l) \prod_{j=1}^{m} p(a_j|a_{j-1}) p(f_j|e_{a_j}) \qquad (44)$$

隠れマルコフモデルは，繁殖数をパラメータ化しないという点ではモデル2に似ているが，隣り合う単語の接続先の依存関係を考慮する(隠れマルコフモデルはフランス語，モデル4は英語)という点ではモデル4に似ている．実験によれば，モデル1, 2, 3, 4の順に対応付け精度は向上し，隠れマルコフモデルはモデル3と同程度の精度であった．したがって，隣り合う単語の接続先の依存関係と繁殖数の情報が翻訳モデルにおいて重要であることがわかる．

5.4 スタックデコーダ

以下では，式(28)にもとづいて，与えられた文 $\boldsymbol{f}$ に対して言語モデル確率と翻訳モデル確率の積を最大にする文 $\boldsymbol{e}$ を探索する方法を説明する．

翻訳モデル確率 $P(\boldsymbol{f}|\boldsymbol{e})$ はすべての単語対応 $\boldsymbol{a}$ に関する $P(\boldsymbol{f}, \boldsymbol{a}|\boldsymbol{e})$ の和である．統計翻訳のデコーディング(decoding, 復号)では，探索を簡単にするために，この和を $P(\boldsymbol{f}, \boldsymbol{a}|\boldsymbol{e})$ の最大値で近似(maximum approximation)し，文 $\boldsymbol{e}$ と単語対応 $\boldsymbol{a}$ のすべての可能な組み合わせの中で最大確率をもつ文 $\hat{\boldsymbol{e}}$ を探索する．

$$\begin{aligned}\hat{\boldsymbol{e}} &= \arg\max_{\boldsymbol{e}} P(\boldsymbol{e})P(\boldsymbol{f}|\boldsymbol{e}) = \arg\max_{\boldsymbol{e}} P(\boldsymbol{e}) \sum_{\boldsymbol{a}} P(\boldsymbol{f}, \boldsymbol{a}|\boldsymbol{e}) \\ &\approx \arg\max_{\boldsymbol{e}, \boldsymbol{a}} P(\boldsymbol{e}) P(\boldsymbol{f}, \boldsymbol{a}|\boldsymbol{e})\end{aligned} \qquad (45)$$

単語対応 $\boldsymbol{a} = a_1 \cdots a_m$ において，つねに $a_{j-1} \leq a_j$ が成立するとき，その単語対応は単調(monotone)であるという．単語対応が単調である，すなわち，デコーディングのさいに単語の並べ替え(reordering)を必要としない場合には，動的計画法を用いて入力文の単語数に比例する計算量でデコーディングできる(Tillmann *et al.*, 1997)．しかし，単語の並べ替えが必要な場合，デコーディングは NP 完全(NP-complete)であり，計算量は入力文の単語数に指数的に比例する(Knight, 1999)．

たとえば，英語から日本語への翻訳において，入力文($\boldsymbol{f}$)を "She can speak English a little"，これを日本語へ翻訳(復号)した文($\boldsymbol{e}$)を「彼女は英語を少し話せる」とする．2 つの文の単語対応は図 14 のようになる．

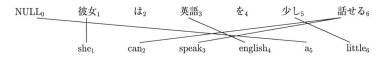

図 14 英語($\boldsymbol{f}$)から日本語($\boldsymbol{e}$)への翻訳における単語対応の例

この英語の文を日本語へ翻訳するようすは図 15 のように表現できる．図 15 において各長方形は，入力文を構成する英語の単語を表わし，各英語の単語には日本語への訳語のリストが示されている．文頭および文末は特別な単語として 1 つの長方形で表現されている．

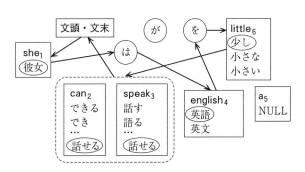

図 15 英語から日本語へのデコーディングと巡回セールスマン問題

基本的には，英語の文を日本語の文へ翻訳する問題は，文頭から出発して，各英単語を一度だけ訪問して日本語への訳語を選択しながら，文末へ到

着する最適な経路を探索する問題である．訳語選択を無視して日本語の語順を決定する問題だけに着目すると，これは巡回セールスマン問題(traveling salesman problem)と等価である．巡回セールスマン問題は「あるセールスマンがいくつかの都市を一度ずつ訪問して出発点に戻ってくるときに移動距離が最短になる経路を求める問題」で，これは NP 完全であることが知られている．したがって，統計翻訳のデコーディングも NP 完全である．

さらに繁殖数という概念が統計翻訳のデコーディングをいっそう複雑にする．図 15 の「話せる」のような繁殖数が 2 以上の単語に対しては，同じ日本語の訳語を選択できる複数の英語の単語を同時に訪問する必要がある．また図 15 の「は」や「を」のような繁殖数が 0 の単語に対しては，入力文の英語の単語とは対応しない任意の日本語の単語を訪問する必要がある．

一般に，IBM 翻訳モデルのデコーディングには「スタックデコーダ」(stack decoder)が用いられる(Berger et al., 1996)．スタックデコーディング(stack decoding)は，もともと音声認識に使われていた最良探索(best-first search)の一種で，仮説の探索にスタック(stack)を使用することが名前の由来である(Jelinek, 1997)．この場合のスタックは，先入れ後出し(last in first out)の待ち行列ではなく，優先順位待ち行列(priority queue)を意味する．スタックデコーディングは，人工知能の分野において状態空間グラフの最小コスト経路を求めるアルゴリズムである A^* アルゴリズムと同じものであり，現在の仮説から最終状態の仮説へいたるまでの確率を過小評価しなければ，確率最大の解を求められることが保証されている．

一般的なスタックデコーディングの手順は以下の通りである．
1. スタックに初期状態の仮説を代入する．
2. もっとも有望な仮説 h をスタックから取り出す．
3. h が終了条件を満足していれば，h を出力して終了する．
4. h を拡張して新しい仮説を生成し，スタックに置く．
5. ステップ 2 に戻る．

スタックデコーディングを統計的機械翻訳に適用する場合，仮説は，それまでに生成された目的言語の文の部分単語列(prefix words)，および，目的言語の文の部分単語列と原言語の文の単語対応から構成される．各仮説

はスコア(確率)により順位付けされる[*11].

初期状態の仮説は，(目的言語の)空の文と空の単語対応である．仮説を拡張するさいには，必ず新たに1つの目的言語の単語が接続される．目的言語の文は左から右へ作成するが，原言語の文の単語はどの順番に接続してもよい．仮説の探索は，原言語の入力文のすべての単語が目的言語の単語への接続をもつような仮説(目的言語の文と単語対応)を発見したら終了する．

仮説の拡張の方法として，以下の4種類を考える(Berger *et al.*, 1996; Germann *et al.*, 2001)．

- **Add** 目的言語の単語を新しく1つ加えて，原言語の1つの単語に接続する．
- **AddZfert** 目的言語の単語を新しく2つ加える．最初の単語は繁殖数0で，つぎの単語は原言語の1つの単語に接続する．
- **Extend** もっとも最近加えられた目的言語の単語へ原言語の単語をもう1つ接続し，目的言語の単語の繁殖数を1つ増やす．
- **AddNull** 原言語の1つの単語を目的言語の空要素(NULL)に接続する．

図16に，"She can speak English a little"という英語の文を日本語へデコーディングする例を示す．図16の[1]では，日本語の先頭の単語としてsheに対応する「彼女」が生成される(**Add**)．[2]では，繁殖数0の単語「は」およびEnglishに接続する単語「英語」が同時に生成される(**AddZfert**)．こうして日本語を左から右へ生成した後，図16の[3]は，英語のspeakに対応して日本語の「話せる」を生成した後に，英語のcanを日本語の「話せる」に接続して繁殖数を2にするようすを表わす(**Extend**)．[4]は，英語の冠詞aに対応する日本語はない，すなわち，日本語のNULLに接続することを表わす(**AddNull**)．

一般に，A^*アルゴリズムでは，途中状態の仮説から最終状態の仮説へいたるまでのコスト(確率)を推定するよいヒューリスティクスがあれば，効

[*11] ある言語を別の言語に翻訳するさい，翻訳元の言語を原言語(source language)，翻訳先の言語を目的言語(target language)と呼ぶ．

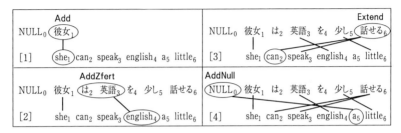

図 16 スタックデコーディングの例

率的な探索が可能になる．しかし，翻訳のデコーディングにおいて有効なヒューリスティクスをみつけるのはむずかしい．とくに，生成された単語列の長さが異なる場合や，原言語の文の異なる部分を翻訳している場合は，仮説どうしの比較がむずかしいので，原言語の入力文の単語の異なる部分集合に対して1つずつスタックを用意し，同じスタックの中の仮説をスコアで順位付けし，各スタックの中でもっとも有望な仮説を1つずつ選んで展開する．

IBM 翻訳モデルのデコーディングにおいて，繁殖数 0 の単語（zero fertility word）の扱いは非常にやっかいである．原言語の新しい単語を選んで目的言語の単語へ翻訳するさいに，必ず繁殖数 0 の目的言語の単語を挿入する可能性を考えなければならない．しかも，目的言語のどの単語を挿入してもよい．したがって，繁殖数 0 の単語として挿入可能な単語の候補をあらかじめ決めておくなど，探索範囲を小さくする工夫が重要である．

統計的機械翻訳のデコーディングは NP 完全問題なので最適解を求めるのがむずかしく，デコーダが出力した解（翻訳結果）が間違っていた場合，デコーディングアルゴリズムと翻訳モデルのどちらに問題があるのかを判定できない．もしデコーダが出力した解よりも高い確率をもつ解が存在する場合，これを探索誤り（search error）と呼ぶ．また，もしデコーダが出力した解が間違っていて，かつ，その確率が正解の確率より高い場合，これをモデル誤り（model error）と呼ぶ．

Germann et al.(2001)では，IBM モデル 4 を用いたフランス語から英語への翻訳において，（巡回セールスマン問題を含む）組み合わせ最適化問題

を解く一般的な手法である整数計画法(integer programming)を用いて準最適解を求め，これをスタックデコーダの出力と比較し，スタックデコーダの探索誤りは比較的少なく(長さ8単語の文で約20％)，翻訳モデルの改良のほうが重要であると報告している．

さらに，Germann *et al.*(2001)では，原言語の単語を翻訳確率がもっとも高い目的言語の単語で置換した文(gloss)から出発し，異なる訳語への置換や単語の並べ替えなどの小さな変更により生成される文の中でもっとも確率が大きいものを選ぶという処理を確率が改善されなくなるまで繰り返すという欲張り探索(greedy search)を提案し，整数計画法により得られた準最適解に関する知見にもとづいてチューンすれば，スタックデコーダと同等の翻訳精度で，スタックデコーダより1桁速いデコーダを作成できることを示した．

そのほかのデコーディングアルゴリズムとしては，逆向きの単語対応($i \rightarrow j = b_i$)で表現した翻訳の部分仮説に対して動的計画法にもとづく巡回セールスマン問題の解法を適用する方法(Tillmann and Ney, 2000)が知られている．

5.5 今後の課題

IBMモデルにもとづく英語からフランス語への翻訳システムCandideは，欧米言語間の翻訳システムとしてもっとも有名なSystranと同等の精度であると報告されている(Berger *et al.*, 1994)．また，ホテル予約やスケジューリングをタスクとするドイツ語と英語の間の音声翻訳プロジェクトVerbmobileでは，規則・用例・発話行為などさまざまなアプローチの機械翻訳システムが作成されたが，その中では統計的機械翻訳がもっとも成績がよかった(Ney *et al.*, 2000)．しかし，統計的機械翻訳技術にもとづく実用レベルの翻訳システムはまだ存在しない．

多くの場合，対訳の選択や語順の移動は，複合語や句というまとまりを単位としておこなわれるが，IBMの翻訳モデルは基本的に単語対単語(word-for-word)の翻訳モデルである．そこで近年では複合語や句を直接的に表現

する手法が幾つか提案されている．

　ひとつのアプローチは，文を（非再帰的な）句に分割し，単語レベルと句レベルの 2 段階の対応付けを考える方法である（Wang and Waibel, 1998; Och et al., 1999）．Och et al.(1999)では，原言語の単語クラスの系列と目的言語の単語クラスの系列を多対多（many-to-many）で対応づける「対応付けテンプレート」(alignment template)(Och et al., 1999)を提案している．この方法では，句の内部の単語対応付けには対応付けテンプレートを適用し，句の間の対応付けには IBM モデルや隠れマルコフモデルを適用する．

　もうひとつのアプローチは，文を再帰的な句に分割する，すなわち，多段階の対応付けを考える方法である（Wu, 1997; Alshawi et al., 2000）．Wu(1997)では，単語の並べ替えを 2 分木における子ノードの回転（rotation）に限定すれば，多項式時間で最適な解を探索できることを示している．Alshawi et al.(2000)の方法は，単語の共起に関する統計量から句の対応を求め，これを head transducer と呼ばれる有限状態機械で表現する．この方法は実時間で音声翻訳を達成できるほど高速である．

　また Yamada と Knight(2001)では，日本語と英語のように語順の大きな変更をともなう言語間の翻訳のために，一方の言語の構文木と他方の言語の単語列を対応づける翻訳モデルを提案している．この方法は IBM モデル 5 より単語対応付け精度が高いと報告されている．

　より根元的な問題として，IBM の翻訳モデルにおいて利用している情報は非常に限定的である．たとえば，原言語の単語の周辺に出現する単語の情報は目的言語の訳語選択において重要であるが，IBM モデルは直接これを表現できない．Och と Ney(2002)では，最大エントロピー法にもとづいて，さまざまな情報源を組み合わせながら $P(e|f)$ を直接モデル化する方法を提案している．

　統計的機械翻訳は，自然言語処理において現在もっとも活発に研究されているテーマのひとつである．かつて確率モデルにより仮名漢字変換がずいぶん「賢く」なったように，確率モデルにより機械翻訳の精度が大幅に向上することを期待したい．

参考文献

Allwein, E. L., Schapire, R. E. and Singer, Y. (2000) : Reducing multiclass to binary : A unifying approach for margin classifiers. *Journal of Machine Learning Research*, **1**, 113-141.

Alshawi, H., Bangalore, S. and Douglas, S.(2000) : Learning dependency translation models as collections of finite-state head transducers. *Computational Linguistics*, **26**(1), 45-60.

Ando, R. K. and Lee, L. (2000) : Mostly-unsupervised statistical segmentation of Japanese: Applications to kanji. *Proceedings of the First Meeting of the North American Chapter of Association for Computational Linguistics (NAACL-00)*, 241-248.

Berger, A. L., Brown, P. F., Pietra, S. A. D., Pietra, V. J. D., Gillett, J. R., Kehler, A. S. and Mercer, R. L. (1996) : Language translation apparatus and method of using context-based translation models. United States Patent, Patent Number 5510981.

Berger, A. L., Brown, P. F., Pietra, S. A. D., Pietra, V. J. D., Gillett, J. R., Lafferty, J. D., Mercer, R. L., Printz, H. and Ureš, L. (1994) : The Candide system for machine translation. *Proceedings of the ARPA Workshop on Human Language Technology(HLT-94)*, 152-157.

Bikel, D. M., Schwartz, R. and Weischedel, R. M. (1999) : An algorithm that learns what's in a name. *Machine Learning*, **34**(1-3), 211-231.

Borthwick, A., Sterling, J., Agichtein, E. and Grishman, R. (1998) : Exploiting diverse knowledge sources via maximum entropy. *Proceedings of the Sixth Workshop on Very Large Corpora(WVLC-98)*, 152-160.

Brown, P. F., Cocke, J., Pietra, S. A. D., Pietra, V. J. D., Jelinek, F., Lafferty, J. D., Mercer, R. L. and Roosin, P. S. (1990) : A statistical approach to machine translation. *Computational Linguistics*, **16**(2), 29-85.

Brown, P. F., Lai, J. C. and Mercer, R. L. (1991) : Aligning sentences in parallel Corpora. *Proceedings of the 29th Annual Meeting of the Association for Computational Linguistics(ACL-91)*, 169-176.

Brown, P. F., Pietra, S. A. D., Pietra, V. J. D. and Mercer, R. L. (1993) : The Mathematics of statistical machine translation : Parameter estimation. *Computational Linguistics*, **19**(2), 263-311.

Brown, P. F., Pietra, V. J. D., de Souza, P. V., Lai, J. C. and Mercer, R. (1992) : Class-based n-gram models of natural language. *Computational Linguistics*, **18**(4), 467-479.

Collins, M., Schapire, R. E. and Singer, Y. (2002) : Logistic regression, AdaBoost and Bregman distances. *Machine Learning*, **48**(1-3), 253-285.

Collins, M. and Singer, Y. (2000) : Unsupervised models for named entity classification. *Proceedings of the 1999 Joing SIGDAT Conference on Empirical Methods in Natural Language Processing and Very Large Corpora (EMNLP/WVLC-99)*, 100-110.

DARPA(1998) : *Proceedings of the 7th Message Understanding Conference (MUC-7)*.

Deerwester, S., Dumais, S. T., Furnas, G. W., Landauer, T. K. and Harshman, R. (1990) : Indexing by latent semantic analysis. *Journal of the American Society for Information Science*, **41**(6), 391-407.

Dumais, S. and Chen, H. (2000) : Hierarchical classification of Web content. *Proceedings of the 23rd Annual International ACM SIGIR Conference on Research and Development in Information Retrieval(SIGIR-00)*, 256-263.

Dumais, S., Platt, J., Heckerman, D. and Sahami, M. (1998) : Inductive learning algorithm and representation for text categorization. *Proceedings of the Seventh International Conference on Information and Knowledge Management (CIKM-98)*, 148-155.

ヨアブ・フロインド, ロバート・シャピリ(著). 安倍直樹(訳)(1999): ブースティング入門. 人工知能学会誌, **14**(5), 771-780.

Freund, Y. and Schapire, R. E. (1997): A decision-theoretic generalization of on-line learning and an application to boosting. *Journal of Computer and System Sciences*, **55**(1), 119-139.

Friedman, J., Hastie, T. and Tibshirani, R. (2000) : Additive logistic regression: A statistical view of boosting. *The Annals of Statistics*, **38**(2), 337-374.

Fung, P. and Yee, L. Y. (1998) : An IR approach for translating new words from nonparallel, comparable texts. *Proceedings of the 36th Annual Meeting of the Association for Computational Linguistics and the 17th International Conference on Computational Linguistics(ACL-COLING-98)*, 414-420.

Gale, W. A. and Church, K. W. (1993) : A program for aligning sentences in bilingual corpora. *Computational Linguistics*, **19**(1), 75-102.

Germann, U., Jahr, M., Knight, K., Marcu, D. and Yamada, K. (2001) : Fast decoding and optimal decoding for machine translation. *Proceedings of the 38th Annual Meeting of the Association for Computational Linguistics(ACL-01)*, 228-235.

Google (2000) : 1.6 Billion Served. *Wired*, December 2000, 118-119.

久光徹, 新田義彦(1994): ゆう度付き形態素解析用の汎用アルゴリズムとそれを利用したゆう度基準の比較. 電子情報通信学会論文誌 D-II, **J77-D-II**(5), 959-969.

IREX 実行委員会(編)(1999): IREX ワークショップ予稿集.

Isozaki, H. and Kazawa, H. (2002) : Efficient support vector classifiers for named entity recognition. *Proceedings of the 19th International Conference on Computational Linguistics(COLING-02)*, 390-396.

Jelinek, F. (1997) : Statistical methods for speech recognition. MIT Press.

Joachims, T. (1998) : Text categorization with support vector machines: Learning with many relevant features. *Proceedings of the 10th European Conference on Machine Learning(ECML-98)*, 137-142.

Joachims, T. (1999) : Transductive inference for text classification using support vector machines. *Proceedings of the Sixteenth International Conference on Machine Learning (ICML-99)*, 200-209.

北研二(1999): 確率的言語モデル. 東京大学出版会.

北研二, 中村哲, 永田昌明(1996): 音声言語処理——コーパスに基づくアプローチ. 森北出版.

Knight, K. (1999) : Decoding complexity in word-replacement translation models. *Computational Linguistics*, **25**(4), 607-615.

Kudo, T. and Matsumoto, Y. (2001) : Chunking with support vector machines. *Proceedings of the Second Meeting of the North American Chapter of the Association for Computational Linguistics (NAACL-01)*, 192-199.

Lewis, D. D. (1998) : Naive (Bayes) at forty : Independence assumption in information retrieval. *Proceedings of the 10th European Conference on Machine Learning (ECML-98)*, 4-15.

Lewis, D. D. and Ringuette, M. (1994) : A comparison of two learning algorithms for text categorization. *Proceedings of the Third Annual Symposium on Document Analysis and Information Retrieval (DAIR-94)*, 81-93.

Li, H. and Yamanishi, K. (1999) : Text classification using ESC-based stochastic decision lists. *Proceedings of the Eighth International Conference on Information and Knowledge Management (CIKM-99)*, 122-130.

前田英作(2001): 痛快! サポートベクトルマシン——古くて新しいパターン認識手法. 情報処理, **42**(7), 676-683.

Manber, U. and Myers, G. (1993) : Suffix Arrays: A new method for on-line string searches. *SIAM Journal on Computing*, **22**(5), 935-948.

松本裕治, 影山太郎, 永田昌明, 齋藤洋典, 徳永健伸(1997): 単語と辞書. 岩波書店.

宮平知博, 渡辺日出男, 田添英一, 神山淑朗, 武田浩一(2000): インターネット機械翻訳の世界. 毎日コミュニケーションズ.

Müller, K.-R., Mika, S., Rätsch, G., Tsuda, K. and Schölkopf, B. (2001) : An introduction to kernel-based learning algorithms. *IEEE Transactions on Neural Networks*, **12**(2), 181-202.

長尾真(編)(1996): 自然言語処理. 岩波講座 ソフトウェア科学 15. 岩波書店.

Nagata, M. (1994) : A stochastic Japanese morphological analyzer using a forward-DP backward-A^* N-Best search algorithm. *Proceedings of the 15th International Conference on Computational Linguistics (COLING-94)*, 201–207.

Nagata, M. (1997) : A self-organizing Japanese word segmenter using heuristic word identification and re-estimation. *Proceedings of the 5th Workshop on Very Large Corpora (WVLC-97)*, 203–215.

Nagata, M. (1999) : A part of speech estimation method for Japanese unknown words using a statistical model of morphology and context. *Proceedings of the 37th Annual Meeting of the Association for Computational Linguistics (ACL-99)*, 277–284.

永田昌明(1999): 統計的言語モデルと N-best 探索を用いた日本語形態素解析法. 情報処理学会論文誌, **40**(9), 3420–3431.

Nagata, M., Saito, T. and Suzuki, K. (2001) : Using the Web as a bilingual Dictionary. *Proceedings of the ACL-01 Workshop on Data-driven Machine Translation (DDMT-01)*, 95–102.

Ney, H., Nießen, S., Franz Josef Och, H. S., Tillman, C. and Vogel, S. (2000) : Algorithms for statistical translation of spoken language. *IEEE Transactions on Speech and Processing*, **8**(2), 24–36.

Nigam, K., McCallum, A. K., Thrun, S. and Mitchell, T. (2000) : Text classification from labeled and unlabeled documents using EM. *Machine Learning*, **39**(2/3), 103–134.

Och, F. J. and Ney, H. (2000) : Improved statistical alignment models. *Proceedings of the 38th Annual Meeting of the Association for Computational Linguistics (ACL-00)*, 440–447.

Och, F. J. and Ney, H. (2002) : Discriminative training and maximum entropy models for statistical machine translation. *Proceedings of the 40th Annual Meeting of the Association for Computational Linguistics (ACL-02)*, 295–302.

Och, F. J., Tillman, C. and Ney, H. (1999) : Improved alignment models for statistical machine translation. *Proceedings of the 1999 Joint SIGDAT Conference on Empirical Methods in Natural Language Processing and Very Large Corpora (EMNLP/WVLC-99)*, 20–28.

Ramshaw, L. A. and Marcus, M. P. (1995) : Text chunking using transformation-based learning. *Proceedings of the Third Workshop on Very Large Corpora (WVLC-95)*, 82–94.

Resnik, P. (1999) : Mining the Web for bilingual text. *Proceedings of the 37th Annual Meeting of the Association for Computational Linguistics (ACL-99)*, 527–534.

Sang, E. F. T. K. (2000) : Noun phrase recognition by system combination. *Proceedings of the 1st Meeting of the North American Chapter of the Association*

for Computational Linguistics (NAACL-00), 50-55.
Sassano, M. and Utsuro, T. (2000) : Named entity chunking techniques in supervised learning for Japanese named entity recognition. Proceedings of the 18th International Conference on Computational Linguistics (COLING-00), 705-711.
Schapire, R. E. and Singer, Y. (2000) : BoosTexter : A boosting-based system for text categorization. Machine Learning, **39**(2/3), 135-168.
Sebastiani, F. (2002) : Machine learning in automated text categorization. ACM Computing Survey, **34**(1), 1-47.
Sekine, S., Grishman, R. and Shinnou, H. (1998) : A decision tree method for finding and classifying names in Japanese texts. Proceedings of the Sixth Workshop on Very Large Corpora (WVLC-98), 171-178.
平博順, 春野雅彦(2000): Support Vector Machine によるテキスト分類における属性選択. 情報処理学会論文誌, **41**(4), 1113-1123.
田中穂積(編)(1999): 自然言語処理——基礎と応用. 電子情報通信学会.
田中久美子, 犬塚祐介, 武市正人(2002): 携帯電話における日本語入力——子音だけで日本語が入力できるか. 情報処理学会論文誌, **43**(10), 3087-3096.
Tillmann, C., Vogel, S., Ney, H. and Zubiaga, A. (1997) : A DP based search using monotone alignments in statistical translation. Proceedings of the 35th Annual Meeting of the Association for Computational Linguistics and the 8th Conference of the European Chapter of the Association for Computational Linguistics (ACL/EACL-97), 289-296.
Tillmann, C. and Ney, H. (2000) : Word re-ordering and DP-based search in statistical machine translation. Proceedings of the 18th International Conference on Computational Linguistics (COLING-00), 850-856.
津田宏治(2000): サポートベクターマシンとは何か. 電子情報通信学会誌, **83**(6), 460-466.
内元清貴, 馬青, 村田真樹, 小作浩美, 内山将夫, 井佐原均(2000): 最大エントロピーモデルと書き換え規則に基づく固有表現抽出. 自然言語処理, **7**(2), 63-90.
内元清貴, 関根聡, 井佐原均(2001): 最大エントロピーモデルに基づく形態素解析——未知語の問題の解決策. 自然言語処理, **8**(1), 127-141.
Vapnik, V. N. (1995) : The Nature of Statistical Learning Theory. Springer-Verlag.
Wang, Y.-Y. and Waibel, A. (1998) : Modeling with structures in statistical machine translation. Proceedings of the 36th Annual Meeting of the Association for Computational Linguistics and the 17th International Conference on Computational Linguistics (ACL-COLING-98), 1357-1363.
Wu, D. (1997) : Stochastic inversion transduction grammars and bilingual parsing of parallel corpora. Computational Linguistics, **23**(3), 377-403.

山田寛康, 工藤拓, 松本裕治(2001): Support Vector Machines を用いた日本語固有表現抽出. 情報処理学会研究報告 2001-NL-142-17, 121-128.

Yamada, K. and Knight, K. (2001): A syntax-based statistical translation model. *Proceedings of the 38th Annual Meeting of the Association for Computational Linguistics (ACL-01)*, 523-530.

Yamamoto, M. and Church, K. W. (2001) : Using suffix arrays to compute term frequency and document frequency for all substrings in a corpus. *Computational Linguistics*, **27**(1), 1-30.

Yang, Y. (1999) : An evaluation of statistical approaches to text categorization. *Journal of Information Retrieval*, **1**(1/2), 57-88.

Yang, Y. and Pedersen, J. O. (1997) : A comparative study on feature selection in text categorization. *Proceedings of the Fourteenth International Conference on Machine Learning (ICML-97)*, 412-420.

III

社会調査データからの推論：実践的入門

大津起夫

目 次

1 調査データから何が推論できるか？ 131
2 NSLY79 と "The Bell Curve" 論争 135
3 主成分分析と特異値分解 139
4 対応分析 143
5 連関モデル 150
6 多重対応分析 155
7 尺度最適化を伴う主成分分析 162
8 おわりに 173

参考文献 174

1 調査データから何が推論できるか？

　心理学や社会学など，人間の行動を分析の対象とする分野では，統計的なデータ分析の手法が利用されることが多い．もちろんこれらの分野の研究方法は多様なものであり，ほとんど数値的なデータを用いずに，自然言語のみによって対象の記述や現象の解釈をおこなう場合もある．しかし多くの場合，研究者は程度の差はあるものの，社会調査や実験室内で得られたデータにもとづいて推論をおこなう．これらの研究の目的は，人間の行動や社会の構造についての知識を求めることにあり，データ分析そのものに主要な関心があるわけではない．しかし，現在ではさまざまなデータが電子的に急速に蓄積されつつあり，これらに含まれる情報を有効に利用することなしには説得力をもった結論を出すことはむずかしい．

■調査データのもつ特徴
　ここでは，とくに社会調査データを分析し解釈するために広く利用されている手法のいくつかについて紹介する．調査によって社会の実態を知ろうとすることは，心理学や社会学だけでなくマーケティングや政治学とりわけ選挙における投票行動の研究に広く用いられているが，これらの研究によって得られるデータには共通の特徴がある．ひとつは，限定された被験者を対象とする標本調査であること，もうひとつは研究者による外的な介入を伴わないことである．前者について対照的な特徴をもつものは，国勢調査や事業所・企業統計調査のような全数調査(センサス)である．いっぽう，後者の特徴について対照的なものは，医学，とくに新薬の臨床試験などでおこなわれる無作為割り当てである．典型的な臨床試験においては，被験者は実験群と対照群の2つのグループにランダムに分割され，実験群には新薬，対照群には比較の基準となるもの(偽薬など)が与えられ，効果の違いが調べられる．社会調査においては，倫理的または技術的な困難の

ために被験者への介入を伴う無作為割り当てが用いられることは少ない．

　抽出された標本を用いた推論では，抽出によってデータが変動するため，推論の精度について標本抽出のメカニズムを考慮する必要が生じる．標本が抽出される対象（選挙の予測ならば，有権者全体）は，母集団（population）と呼ばれる．もし，母集団からの標本抽出のメカニズムが完全にランダムなものであるならば，標本抽出によって生じるデータの変動は数学的な確率モデルによって表わされ，その性質について理論的に検討することが可能になる．標本調査法の教科書に解説されている問題は，おもにこの理想的な標本抽出のメカニズムのもとでのデータの変動であるが，実際の調査においては，むしろ理想的なランダム抽出が実現できないことが大きな問題となる．なかでも被験者への接触が不可能であったり，あるいは調査者が被験者に接触したとしても回答が拒否されることによるデータの欠落が重要な問題になる．現在では，一般的な社会調査において 80% 以上の回収率を得ることは，周到に計画された面接調査であってもむずかしい．

　文部科学省の統計数理研究所によって 1950 年代から継続しておこなわれている「日本人の国民性」調査は，国内における質問票による社会意識調査としてはもっとも洗練されたもののひとつである．この調査は 5 年おきに毎回数千人の成人を対象としておこなわれているが，調査不能率は近年において増加している．計画標本の中での調査不能率は，1953 年におこなわれた第 I 次調査では 17%，1963 年の第 III 次調査では 25%，1983 年の第 VII 次調査では 26%，1988 年の第 VIII 次調査では 39% となっており，最近の増加が大きい（統計数理研究所国民性調査委員会, 1992）．調査不能率の増加がみられた第 VIII 次調査の計画標本数は 6000 人であるが，38% の調査不能標本のうち 15% は被験者の拒否によるものであり，11% が一時不在によるものと報告されている．調査不能率を性別にみると男性が 42%，女性が 35% であり，また年齢別にみると 20 代（20～24 歳で 46%，25～29 歳で 43%）と 70 歳以上の高齢者（46%）で高く，地域別では大都市で高い．調査不能率の増加傾向は，他の社会調査でもみられている．

■未知の共変量による偏り

　調査データのもうひとつの特徴は，研究者による外的な介入を伴わずに観測されることである．変数間での影響関係についての推論をおこなう場合，これが問題を生じる．無作為割り当ての場合には，実験群と対照群との違いは研究者が制御している実験要因だけであり，その他の違いは偶然の変動にもとづく．このため標本数が十分にあれば，両群における反応変数の違いは実験要因の影響を表わすものと解釈できる．しかし，外的な介入を伴わない調査データにおいて，ある変数(たとえば被験者の学歴)が，別の変数(たとえば喫煙率)にどのような影響を与えているかを特定することは，一般的にはかなりむずかしい．もちろん，被験者が妥当な方法でサンプリングされており，調査不能などによるデータの欠落が重大でなければ，変数間のみかけ上の関係を記述することができるし，それが母集団での関係を正しく反映していると推論することはできる．さらに，他の要因(たとえば性別)によって説明される部分を最初の2つの変数の関係から除いて推定をおこなうことも，分析に利用する統計モデルを工夫することによって可能である．困難なのは，影響を除くべき変数(共変量，covariate または交絡変数，interaction variable と呼ばれる)がすべて列挙されているという保証が得られないことである．問題にしている被説明変数に影響を与える要因が理論的にすべて列挙されているのでないかぎり，研究者がいくつかの共変量の存在に気がついてそれらの影響を取り除いたとしても，それらがすべてであるとは限らない．最悪の場合には考慮すべき重要な変数がそもそも測定されていない可能性もありうる．

■無作為割り当ての利点

　無作為割り当てが優れているのは，たとえ研究者にとって未知の共変量が存在したとしても，実験群と対照群との差を推定するさいにこれらが偏りをもたらすことはない点である．無作為割り当てのもとでは，実験群と対照群との違いは研究者が調べようとしている要因によるものだけであり，他の共変量についてはほぼ同等の特徴をもっているはずである．偶然によっ

て2つの群の特徴が異なることはありうるが，そのていどは統計的に推定することができる．もちろん，反応変数に大きな影響をもたらす共変量が未観測でありその影響が除かれないなら，反応変数の群内分散が大きくなり2群の平均の差を検出しづらくなる可能性はある．しかし，2群の差に未観測の共変量による偏りが生じることはない．無作為割り当てと比較して，調査データは上に述べた限界をもっている．これらの問題はデータが得られるプロセスの性質によるものであり，分析方法の工夫によっては完全には克服できない．一番効果的な解決方法は，データ収集の方法を改善することであるが，このためにはそれぞれの調査に固有の問題を解決しなければならない．

ここではこれらの制約のなかで調査データから情報を引き出すためのいくつかの方法を，NLSY79と呼ばれる米国での大規模な継時的調査をおもな題材としながら紹介する．調査から信頼しうる結果を導くために一番重要なことは，適切なデータ収集の方法をとることにあるが，ここではデータが得られた後の分析方法に話題を限定する．調査データのもつ前述の特徴を考慮すると，介入を伴わない調査データから推論しうる最善の内容は，変数間の関係の概要の把握である場合が多いと考えられる．以下では最初にNLSY79の概要を紹介し，ついでデータの次元縮約をおこなうための基礎的な方法，および離散値（カテゴリー値）をもつデータの構造を簡潔に記述するための方法について解説する．

ここではサンプリングと調査実施の問題については触れないが，これらは信頼しうる結論を導くためにはデータの事後的な分析法以上に重要である．調査の実施，とくに国際比較にかかわる問題については吉野（2001）がくわしい．また最近実施されることの多くなった電話調査については，加藤（1996），林と田中（1996），山岡と林（1999）が手法の特徴について検討している．

2 NSLY79 と "The Bell Curve" 論争

NLS(National Longitudinal Survey)は米国の労働統計局(Bureau of Labor Statistics)によっておこなわれている一連の大規模なパネル調査であり，米国民の労働市場での経験についての資料を得ることを目的としている．最初のコーホート（調査開始時に設定された被験者集団）についての調査は 1966 年からおこなわれている．NLSY79 は 12686 名の被験者コーホートを対象とする 1979 年に開始されたパネル調査である．1957 年初めから 1964 年末の間に生まれた米国に居住する男女を調査対象としており，被験者は 6111 名のクロスセクショナルサンプル，5295 名のサプリメンタルサンプルおよび 1280 名の軍隊サンプルの 3 つの標本群から構成されている．クロスセクショナルサンプルは米国の人口構成を忠実に反映するように設計されている．ただし矯正施設に入所しているものと軍隊に入隊しているものは対象からはずされている．いっぽう，サプリメンタルサンプルは黒人，ヒスパニック，および黒人またはヒスパニック以外で経済的に貧しい状態にある者に重点をおいて標本が選ばれている．軍隊サンプルは 1978 年の 9 月の段階で米国の 4 軍のいずれかに入隊していたものを対象としている．1986 年からは NICHD(National Institute of Child Health and Human Development)からの資金を受けて，NLSY79 の被験者のうち，母親となった者とその子供たちについてのデータが補足されている．

NLSY79 は，労働市場での被験者の経験と教育や訓練との関係を調べることを目的としているために，就業経験のほか，ASVAB(Armed Services Vocational Aptitude Battery)と呼ばれる適性検査（学力検査を含む）や高校での成績，家族環境や結婚，出産などの項目について 20 年間にわたる追跡調査がおこなわれており，個人の特性とその労働経験の関係について，他に例をみないほど詳細な情報を与えている．また，データは個票水準で公開されており，実費で入手することが可能である．このためすでにおこなわれて

いる研究の再分析が可能であり，これが NLSY79 をここでとりあげるひとつの理由である．もうひとつの理由はこの調査の分析にもとづく心理学者 Herrnstein（故人）と政治学者 Murray の著作 "The Bell Curve"（Herrnstein and Murray, 1994; 以下 TBC と省略する）が心理学と教育社会学の分野で激しい議論を巻き起こしたことにある．

■知能の遺伝をめぐる論争

知能は心理学において多くの議論を引き起こしてきた問題である．とくに，優生学と知能研究とは歴史的に深い繋がりをもっており，その関係はゴールトン（Francis Galton）やフィッシャー（Ronald A. Fisher）にまでさかのぼる．現在の，とくに米国での知能研究には一般知能（g-factor）を重視する立場と，より多元的な知能観に重点をおく立場の両者がある．前者の立場を代表するのが Arthur Jensen である．いっぽう，多重知性理論の提唱者ガードナー（Howard Gardner）は後者を代表する研究者であり教育関係者にも大きな影響を及ぼしている．一般知能論は，先駆者である Charles Spearman に始まり，Cyril Burt や Hans Eysenck らによって受け継がれてきた．この流れは心理学における統計的方法，とくに因子分析の発展と重なっている．

理論的な必然性があるわけではないが，一般知能論者は知能テスト得点（歴史的経緯から知能指数 IQ; intelligence quotient と呼ばれる）の決定要因として遺伝的資質が重要であるとの立場にたつことが多い．大きな議論を学界とジャーナリズムの両方で巻き起こす原因はこの主張にある．Jensen は 1969 年にそれまでの米国における教育政策を批判する論文を発表した（Jensen, 1969）．この論文は 1960 年代に貧困層の児童の IQ 向上のためにとられた就学前の補償教育が顕著な効果をあげ得なかったことの原因について議論している．Jensen は，この原因がそもそも児童の遺伝的資質に IQ が大きく依存しており，教育によって大きな変化をもたらすことがむずかしいためだと主張した．この主張は，人種間の知能差というきわどい問題に関係するため，大変な批判にさらされることになった．また，Burt の死後 1976 年にはかれの双生児研究においてデータの捏造がおこなわれ

た疑いが生じ，知能研究の信頼性が問題にされた．Burt の研究の問題については，Sternberg(ed.)(1995)の Burt の項，およびグールド(1998)がくわしい．

　日本国内では，一般知能論の立場にたつ研究は盛んとは言えないが，米国内では 1980 年代以降もさまざまな立場からの知能研究がつづけられた．1990 年にはミネソタ大学の研究グループが一卵性双生児について IQ を測定し，生後まもなくから別々に育てられた 48 組については，IQ(WAIS と呼ばれる知能テストの総得点)の相関係数が 0.69，同じ家庭で育てられた 40 組については 0.88 の相関係数を報告している(Bouchard et al., 1990)．批判された Burt が報告していた数値は 0.78 なので，皮肉というべきか Burt の報告した数値じたいはとっぴなものではなかったことになる．この結果は，IQ に遺伝的資質がかなりかかわっていることを示唆するが，Feldman et al.(2000)は，遺伝による資質の伝達と家族内での文化伝達との両者を考慮した集団遺伝学のモデルにもとづいて，Bouchard らの結論が遺伝の影響を高く見積もりすぎていると批判している．

■知能への環境の影響

　いっぽうで，これとは別の研究からは知能テストの得点に環境の影響が大きいことを示唆する結果も得られている．環境要因が IQ に大きな影響を及ぼしていることを示唆する有力な証拠のひとつは，James R. Flynn によって報告された知能テスト得点の上昇傾向である(Flynn, 1984, 1987, 2000)．知能テストには，語彙や意味の解釈など被験者の知識に依存する問題(結晶性知能)と，類推などその場での反応を測る問題(流動性知能)の両者が含まれているが，長期的な得点の上昇は意外なことに流動性知能においてより顕著に観察されている．流動性知能の得点をみると，過去 50 年以上の範囲にわたって先進各国において 1 世代(30 年)あたり平均して 15 点程度の得点上昇が観察されている．IQ は通常平均 100，標準偏差 15 に基準化されているので，これは 1 世代で 1 標準偏差分の上昇があったことになる．いっぽう，語彙に関係するテストでは上昇率は流動性知能と比べ半分から 3 分の 1 程度である．50 年ほどの間に各国民の遺伝的資質が変わったとは

考えられないので，これは環境によって知能得点が大きく変化することを示唆している．

　TBCの主張は，IQがさまざまな社会的達成に影響を及ぼしているというものである．とくに，被験者の家庭環境よりもIQがより多くの説明力をもつことをNLSY79データを用いて検証しようとしている．TBCにおいて中心的なデータの分析をおこなっている第2章では，被験者の環境要因としてSES(socio-economic status)と呼ばれる指標を独自に作成し，これとIQ(ASVABの得点から一般知能と整合性が高くなるように合成された値AFQTを用いている．AFQTはArmed Forces Qualifications Testの略称)を説明変数として多くの社会的達成を表わす指標を推定し，変数の説明力を比較している．TBC第2章の分析は被験者を白人に限定しておこなわれている．この分析によって著者らが確かめようとしているのは，IQと社会的達成との関係である．もうひとつの重要な主張であるIQの遺伝率については独自の分析はおこなわれておらず，BouchardとMcGue(1981)，Bouchard et al.(1990)などの研究を引用することにとどまっている．

　TBCは800ページに及ぶ大著であるが，数十万部が売れるベストセラーになった．そのため社会的反響も大きく多くの議論を巻き起こした．TBCの議論をNLSY79データの再分析をおこなって批判している単行本としては，Fischer et al.(1996)，Devlin et al.(eds.)(1997)，Arrow et al.(eds.)(2000)などがある．Devlin et al.(1997)には，この段階までのTBCに関して発表された論文，著作，新聞記事などの広範な文献リストが含まれている．

　先に結論を述べてしまうと，TBCによるNLSY79の分析およびTBCへの批判にもとづく再分析全体を通じてつぎのことがいえる．

1. 各種の社会的達成を表わしている指標とAFQTの得点との間には，強くはないが一貫した正の関係がみられる．
2. それらの関係は，被験者の親の社会経済地位を表わす各種の指標と被験者自身の社会的達成の関係より明確である．

　上の結果は，TBCの主張の半分は多くの分析を通じて一貫した傾向として確認されることを示している．ただし，Heckman(1995)やFischer et al.(1996)が指摘しているように，AFQTとSESを構成するために用いら

れた指標の精度の違いの問題を考慮する必要はある．AFQT は社会調査で得られる測定値としてはきわめて精度の良いものに属するが，SES を構成するのに用いられた家計収入，両親の学歴，両親の職業威信スコアなどは被験者当人の受けた環境要因を表わす数値としては不完全である．このため，みかけ上 AFQT と SES の説明力が違ったとしても，その値をそのまま遺伝的資質と環境の影響力の違いとすることはできない．精度の悪い指標の予測力は，それが本来表わすべき要因の予測力より小さくて当然だからである．

また，TBC はここから一歩踏み込んで，「個人のもつ遺伝的資質が社会的達成を決める大きな要因であり，選択的婚姻を通じて知能の遺伝的資質による社会の階層化が進行する」ということを主張しているが，少なくとも NLSY79 の分析によっては，これについてのはっきりした結論を導くことはむずかしい．問題としてあげられることは，「知能」という概念じたいの曖昧さ，NLSY で指標として用いられている AFQT と知能の遺伝的資質との関係，NLSY79 のような調査データから変数間の因果関係について結論を導くことの困難さなどがある．

3 主成分分析と特異値分解

ここまで述べたように，介入を伴わない調査のデータにもとづいて因果関係を推定することはしばしば困難である．このため，これらの場合結論を記述的な内容に限定せざるをえないことが多い．大規模な社会調査には高いコストが必要であり，多方面からの要請に応えるため，しばしば多くの設問が含まれる．このようなデータを分析するための効果的な方法が，次元縮約（dimension reduction）と呼ばれる手法である．次元縮約とは，多くの変数を適切に表現するより少数の変数を求める方法を一般的に表わす名称である．

以降では，まず多くの次元縮約の基礎でもある主成分分析法とその数値

計算法である特異値分解を紹介し，ついで離散多変量データのための次元縮約法である対応分析および多重対応分析の方法とそれらの問題点を示す．さらに，これらの問題点を解決しうる方法として，Leo A. Goodman による対応分析の改良，および離散データの尺度最適化を主成分分析法に組み入れる方法について紹介する．

主成分分析法をはじめ因子分析法，多次元尺度法，対応分析(林の数量化 III 類，または双対尺度法とも呼ばれる)など心理学で用いられている記述的な統計的多変量解析法の多くは，次元縮約法としての特徴をもっている．なかでも**主成分分析法**(principal component analysis, PCA)は複数の連続変数間の相互関係の簡潔な表現を求めるために広く用いられている方法であり，他の多くの次元縮約法の基礎を与える．

分析対象となる変数を X_j $(j=1,\cdots,J)$ とし，得られている標本の値を x_{ij} $(i=1,\cdots,N; j=1,\cdots,J)$ とする．ここで i は標本を表わし j は変数を表わす．PCA の目的は，データ全体をよく表わす少数の変数を求めることにある．この目的をつぎのような指標を最小化する $X_1,\cdots,X_J$ の 1 次結合 Z_k $(k=1,\cdots,q)$ を求めることと定義する．ここで q は J より（通常は大幅に）少ない数である．

$$\mathrm{SSQ}_q = \sum_{j=1}^{J} E(\|X_j - \mu_j - \sum_{k=1}^{q} a_{jk} Z_k\|^2) \tag{1}$$

式中の $E(\ )$ は期待値を表わす．この規準を (a_{jk}) について最小化して得られる値を，$Z_1,\cdots,Z_q$ が $X_1,\cdots,X_J$ の全体をどれだけよく表わしているかの指標と考える．μ_j についての微分を求めると，各 j について $E(X_j) = \mu_j + \sum_k a_{jk} E(Z_k)$ のときに SSQ_q が最小値となることがわかる．以下では簡単のために，$E(X_j) = 0$ が $j=1,\cdots,J$ について成立しているものとする．このとき各 j につき $\mu_j = 0$ が最小値を与える．

確率変数 $X_1,\cdots,X_J$ を要素とする J 次元の縦ベクトルを $\boldsymbol{x}$ とし，a_{jk} を要素とする $J \times q$ の行列を A とする．また $Z_1,\cdots,Z_q$ を要素とする縦ベクトルを $\boldsymbol{z}$ と表記する．$\boldsymbol{z}$ の各要素が $\boldsymbol{x}$ の 1 次式であるので，$q \times J$ の行列 B を用いて $\boldsymbol{z} = B\boldsymbol{x}$ と書ける．また $AB = C$ とおくと $A\boldsymbol{z} = C\boldsymbol{x}$ となる．同一の C をもたらす A と B は 1 つには定まらないが，本質的な部分は C

の階数(ランク)が q に制約されていることである．通常はいくつかの制約を設けて A と B を求める．

上の SSQ_q の式はつぎのように表わされる．式中の記号 tr は行列の対角要素の和(トレース)を示し，上付の添字 T は行列の転置を表わす．

$$\begin{aligned}\mathrm{SSQ}_q &= \mathrm{tr} E\{(\boldsymbol{x}-A\boldsymbol{z})(\boldsymbol{x}-A\boldsymbol{z})^{\mathrm{T}}\} \\ &= \mathrm{tr} E\{(\boldsymbol{x}-C\boldsymbol{x})(\boldsymbol{x}-C\boldsymbol{x})^{\mathrm{T}}\} \\ &= \mathrm{tr}\{(I_J - C)E(\boldsymbol{x}\boldsymbol{x}^{\mathrm{T}})(I_J - C)^{\mathrm{T}}\}\end{aligned}$$

最小の SSQ_q をもたらす $Z_k\ (k=1,\cdots,q)$ を主成分スコアまたはたんに主成分と呼ぶ．主成分は変数の尺度に依存する．つまり，同一の変数のセットであっても，各変数の尺度が異なれば，得られる主成分は異なったものになる．

規準(1)を最小化する C は，つぎのようにして得られる．まず $\boldsymbol{x}$ の分散共分散行列を $E(\boldsymbol{x}\boldsymbol{x}^{\mathrm{T}}) = \Sigma_{XX}$ とおく．一般的に実数値の対称行列は，固有値分解によって直交行列と対角行列の積として次式のように表わされる．

$$\Sigma_{XX} = U\Lambda U^{\mathrm{T}}$$

ここで U は直交行列であり，$UU^{\mathrm{T}} = I$ を満たす．また Λ は固有値($\lambda_1,\cdots,\lambda_J$)を要素とする対角行列である．ここで Λ の対角要素は，Σ が共分散行列であるためすべて非負である．また，これらは降順に並んでいるものとする．この直交行列 U の第1列から第 q 列を U_1 とすると，$A = B^{\mathrm{T}} = U_1$ とおくことにより SSQ_q を最小化できる．これを用いて $C = AB = U_1 U_1^{\mathrm{T}}$ は，上位 q 個の固有値に対応する固有ベクトルによって張られる変数の空間への直交射影子(対称でべき等な行列)になっている．また，$I-C$ は，この空間の直交補空間への直交射影子である．このようにして得られた Z_k が第 k 主成分である．上の定義より $E(Z_k^2) = \mathrm{Var}(Z_k) = \lambda_k$ であり，また $k \neq l$ ならば，$E(Z_k Z_l) = 0$ である．

主成分 z は，$\boldsymbol{x}$ の特徴を少数の変数によって表わしていると解釈できる．各主成分の分散 $\mathrm{Var}(Z_k)$ は，変数の分散の合計 $\mathrm{tr}\,\Sigma_{XX}$ のうち，第 k 主成分によって表わされる部分の大きさを表わしている．また，A の j 行 $\boldsymbol{a}_j$ は変数 X_j のプロフィールとみなせる．つまり，X_j と X_l とがたがいに類似

した変数であるなら（相関が大きく，分散も同程度なら），a_j と a_l とは類似した値をもつはずである．もし X_j と X_l との相関が -1 に近く，分散も同程度であれば a_j と a_l とは原点に関してほぼ対称な値をとる．

観測された標本についても同様に，主成分を求めることができる．$N \times J$ のデータ行列を $X = (x_{ij})$ とする．観測値の平均ベクトル（J 次元の縦ベクトル）を $\bar{x}$ とすると，標本分散共分散はつぎのようになる．

$$S = \frac{1}{N} \sum_{i=1}^{N} (\boldsymbol{x}_i - \bar{\boldsymbol{x}})(\boldsymbol{x}_i - \bar{\boldsymbol{x}})^{\mathrm{T}}$$

ここで $\boldsymbol{x}_i$ は X の第 i 行を縦ベクトルとしたものである．もし，$\bar{\boldsymbol{x}} = \boldsymbol{0}$ であるならば $S = \frac{1}{N} \sum_{i=1}^{N} \boldsymbol{x}_i \boldsymbol{x}_i^{\mathrm{T}}$ である．これ以降，標本平均を引き去って考えることとし，$\bar{\boldsymbol{x}} = \boldsymbol{0}$ とする．

S の固有値分解を $S = U\Lambda U^{\mathrm{T}}$ とし，Λ の対角要素は降順に並んでいるとする．確率変数の場合と同様に，U の最初の q 列を U_1 とすると，$Z = XU_1$ が q 個の主成分となる．

特異値分解(singular value decomposition)定理によれば，一般的に $N \times J$ の行列 X が

$$X = VDU^{\mathrm{T}} \tag{2}$$

のように，直交行列（の一部）と対角行列の積に分解される．ここで $N \geq J$ とすると，V は $N \times J$ の行列であり，その列ベクトルはおのおの長さ 1 でありたがいに直交している．また，U は $J \times J$ の直交行列であり，D は $J \times J$ の非負要素の対角行列である．D の対角要素は絶対値の降順に並んでいるものとする．

各変数の標本平均が 0 であると仮定すると，$S = \frac{1}{N} X^{\mathrm{T}} X$ である．上の特異値分解(2)を用いると，$S = \frac{1}{N} UD^2 U^{\mathrm{T}}$ となるので，この U の各列が S の固有ベクトルであり，対角行列 D の要素の 2 乗が S の固有値を N 倍したものであることもわかる．U のうち，大きな絶対値の特異値に対応する第 1 列から第 q 列を取り出すと，これが上の U_1 となっている．q 個の主成分は $N \times q$ の行列 XU_1 で表わされ，また q 個の主成分を用いた X の近似は $XU_1 U_1^{\mathrm{T}}$ となる．

V の列ベクトルを $\boldsymbol{v}_1, \cdots, \boldsymbol{v}_J$ とし，また U の列ベクトルを $\boldsymbol{u}_1, \cdots, \boldsymbol{u}_J$ と

すると，(2) は

$$X = VDU = \sum_{k=1}^{J} d_k \boldsymbol{v}_k \boldsymbol{u}_k^{\mathrm{T}} \tag{3}$$

となる．主成分による近似は $\sum_{k=1}^{q} d_k \boldsymbol{v}_k \boldsymbol{u}_k^{\mathrm{T}}$ であり，行列の階数が q であるもののうち，X との残差 2 乗和が最小となる．

4 対応分析

表 1 は，NLSY79 のクロスセクショナルサンプルにおける，年齢補正済の AFQT の得点と社会経済地位(TBC の著者らによって作成された指標，SES)とのクロス集計表である．いずれの変数も本来連続値であるが，それらを 5 つのカテゴリーに分割して集計した．周辺度数はそれぞれのカテゴリーが同数になるように分割点を設定してある．また，表 2 は同じく 5 カテゴリーに離散化した年齢補正済の AFQT と，1990 年における被験者の職業分類をクロス集計したものである．ともに Murray によって公開されている TBC に用いられたデータ[*1]から，クロスセクショナルサンプルの部分を抽出した．

表 1 年齢補正済 AFQT と社会経済地位
(クロスセクショナルサンプル)

AFQT	社会経済地位(SES)					計
	1	2	3	4	5	
1	577	303	157	94	19	1150
2	274	319	270	191	96	1150
3	165	255	290	270	170	1150
4	91	157	248	327	327	1150
5	43	116	185	268	539	1151
計	1150	1150	1150	1150	1151	5751

[*1] http://php.indiana.edu/~erasmuse/bellcurv.htm

表 2　1990 年における職業と年齢補正済 AFQT（クロスセクショナルサンプル）

職　業	年齢補正済 AFQT					計
	1	2	3	4	5	
事務(Clerical)	115	194	219	187	132	847
製造(Craft)	132	129	128	105	56	550
農業(Farm)	23	10	16	8	7	64
労働(Labor)	89	65	40	22	13	229
管理職(Mgr)	56	90	135	164	152	597
熟練工(Operatv)	149	97	89	59	27	421
専門技術職(Prof/Tech)	31	80	115	224	428	878
営業(Sales)	14	37	37	78	74	240
サービス(Service)	197	166	126	99	54	642
運輸(Transpt)	44	41	27	28	7	147
計	850	909	932	974	950	4615

2重分割表の分析をおこなうにあたって，しばしば行と列との独立性についての検討がおこなわれるが，もし「独立ではない」との結論が得られたとき，それだけでは分析者にもたらされる情報は少ない．多くの場合，分析者はより直観的にデータのもつ構造の概要を把握したいと考えている．対応分析(correspondence analysis)はこのような要請に応えるためのひとつの方法である．この手法は Louis Guttman，林知己夫，Jean-Paul Benzécri ら複数の調査データ分析研究者によって独立に提案された．

基本的なアイデアは，2重分割表の行と列にその構造を適切に表現するスコアを与え，その値を分析とデータの解釈に用いることにある．ここで，どのような規準によって「表現の適切さ」を定義するかが問題になる．古典的な対応分析においてはつぎのようなモデルと規準を用いる．大きさ $I \times J$ の2元表の第 i 行に与えるスコアを x_i とおき，第 j 列へのスコアを y_j とする．各セルに該当する標本数を n_{ij} とし，標本総数を N とする．また，各セルの相対頻度を $P_{ij} = n_{ij}/N$ と表わし，行と列の周辺相対頻度をそれぞれ $P_{i.}, P_{.j}$ と表記する．

行と列へのスコアを定義することは，2次元の配置を想定することになる．i 行 j 列のセルの座標は (x_i, y_j) であり，重み P_{ij} が与えられる．行と列スコアのそれぞれが次式で示されるように平均0，分散1に標準化され

ているとする.

$$\sum_i P_{i.}x_i = 0, \qquad \sum_i P_{i.}x_i^2 = 1 \qquad (4)$$

$$\sum_j P_{.j}y_j = 0, \qquad \sum_j P_{.j}y_j^2 = 1 \qquad (5)$$

この配置による相関は

$$r = \sum_{i,j} P_{ij}x_iy_j \qquad (6)$$

となり,行と列の関係性を表わすひとつの指標と考えられる.相関 r が大きければ行と列の間に強い関係があることがわかる.

この r を制約$(4),(5)$のもとで最大化するスコアは,つぎに示す条件を満たす解として得られる.相対頻度の行列を $P = (P_{ij})$ とし,周辺相対頻度を要素とする対角行列を $F = \mathrm{diag}(P_{1.},\cdots,P_{I.})$ および $G = \mathrm{diag}(P_{.1},\cdots,P_{.J})$ とする.分散についての制約を考慮したラグランジェ関数を考えるとつぎの式が得られる.

$$\boldsymbol{x}^\mathrm{T}P\boldsymbol{y} + \lambda_1 \boldsymbol{x}^\mathrm{T}F\boldsymbol{x} + \lambda_2 \boldsymbol{y}^\mathrm{T}G\boldsymbol{y} \qquad (7)$$

最大値をもたらす $\boldsymbol{x}$ と $\boldsymbol{y}$ においては,$\boldsymbol{x}$ と $\boldsymbol{y}$ についての微分が $\boldsymbol{0}$ になるので,

$$P\boldsymbol{y} + 2\lambda_1 F\boldsymbol{x} = \boldsymbol{0}$$
$$P^\mathrm{T}\boldsymbol{x} + 2\lambda_2 G\boldsymbol{y} = \boldsymbol{0}$$

が成立している.後者から $\boldsymbol{y} = -(2\lambda_2)^{-1}G^{-1}P^\mathrm{T}\boldsymbol{x}$ となるので,これを前者に代入すると

$$PG^{-1}P^\mathrm{T}\boldsymbol{x} = 4\lambda_1\lambda_2 F\boldsymbol{x}$$

となる.ここで,$4\lambda_1\lambda_2 = \xi$ とおく.また $F^{1/2} = \mathrm{diag}(\sqrt{P_{1.}},\cdots,\sqrt{P_{I.}})$ とし,同様に $G^{1/2} = \mathrm{diag}(\sqrt{P_{.1}},\cdots,\sqrt{P_{.J}})$ とする.それぞれの逆行列を $F^{-1/2}$ と $G^{-1/2}$ で表わす.ここで $F^{1/2}\boldsymbol{x} = \boldsymbol{u}$ とすると,

$$F^{-1/2}PG^{-1}P^\mathrm{T}F^{-1/2}\boldsymbol{u} = \xi\boldsymbol{u}$$

となる.これは $\boldsymbol{u}$ が対称行列 $F^{-1/2}PG^{-1}P^\mathrm{T}F^{-1/2}$ の固有ベクトルであることを示している.ここで,$\boldsymbol{x} = \boldsymbol{1}$(要素がすべて 1)とすると,定義より $\boldsymbol{u} = (P_{i.}^{1/2})$ であり上の等式は成立し $\xi = 1$ となる.これを $\boldsymbol{x}_0$ と表記する.しかし,この解は $\sum_i P_{i.}x_i = 0$ を満たさない.これ以外の固有ベクト

ルについては，実対称行列の固有値分解の性質から，$\boldsymbol{x}_0^{\mathrm{T}}F\boldsymbol{x} = \sum_i P_{i\cdot}x_i = 0$ を満たすので，平均についての制約は満たされる．これらの固有ベクトル $\boldsymbol{u}_k\ (k = 1, 2, \cdots, K = \min\{I-1, J-1\})$ に対応する $\boldsymbol{x}_k$ を，行へのスコアとする．

列スコアについても同様の性質が成立し，また
$$P\boldsymbol{y}_k = \xi_k^{1/2}F\boldsymbol{x}_k, \quad P^{\mathrm{T}}\boldsymbol{x}_k = \xi_k^{1/2}G\boldsymbol{y}_k \qquad (k = 1, \cdots, K)$$
が成立する．これらの $\{\xi_k^{1/2}\}$ のうち，最大の値が求めるべき r である．これ以降につづく解 $\boldsymbol{x}_l, \boldsymbol{y}_l$ は，つぎの直交制約
$$\boldsymbol{x}_k^{\mathrm{T}}F\boldsymbol{x}_l = 0, \quad \boldsymbol{y}_k^{\mathrm{T}}G\boldsymbol{y}_l = 0 \qquad (k = 1, \cdots, l-1) \qquad (8)$$
を満たすもののうちで，最大の ξ を与える．

対応分析の解は，主成分分析と同様につぎの特異値分解を用いて求めることもできる．
$$F^{-1/2}PG^{-1/2} = UDV^{\mathrm{T}} \qquad (9)$$
ここで，D の対角要素はすべて非負であり，降順に並んでいるものとする．また U と V の列ベクトルをそれぞれ添字が 0 から始まるものとし，$\boldsymbol{u}_k$, $\boldsymbol{v}_k\ (k = 0, 1, \cdots, K)$ とする．D の対角要素についても添字を 0 から始まることとし $d_0, d_1, \cdots, d_K$ とする．$F^{-1/2}\boldsymbol{u}_k = \boldsymbol{x}_k$ および $G^{-1/2}\boldsymbol{v}_k = \boldsymbol{y}_k$ とすると，
$$P\boldsymbol{y}_k = d_k F\boldsymbol{x}_k$$
$$P^{\mathrm{T}}\boldsymbol{x}_k = d_k G\boldsymbol{y}_k$$
が成立するので，これら $\boldsymbol{x}_k, \boldsymbol{y}_k\ (k = 1, \cdots, K)$ が対応分析の解となっている．ここで D の最大要素は $d_0 = 1$ であり，平均についての制約を満たさない解がこれに対応する．また最大の相関は $r = d_1$ であることがわかる．式(9)は，主成分分析の場合と同様につぎのように表わされる．
$$F^{-1/2}PG^{-1/2} = \sum_{k=0}^{K} d_k \boldsymbol{u}_k \boldsymbol{v}_k^{\mathrm{T}} \qquad (10)$$
対応分析は，行と列について周辺相対頻度の平方根で重みを割り引き最小2乗近似をおこなっていることになる．

上の式の両辺に左から $F^{1/2}$，右から $G^{1/2}$ をかけると，つぎの式が得られる．

$$P = \sum_{k=0}^{K} d_k F \boldsymbol{x}_k \boldsymbol{y}_k^\mathrm{T} G \tag{11}$$

ここで右辺の和の $k=0$ の項は $(P_i.P_{.j})$ であり，行と列の交互作用を考慮しない周辺相対頻度によって説明される部分を表わしている．

対応分析は，1回の固有値計算または特異値分解によって解が得られるので計算が簡便であり，広く利用されている．しかし，スコア $\boldsymbol{x}_k, \boldsymbol{y}_k$ と特異値 r の解釈には注意を要する．スコアは特異値分解で得られた直交行列のベクトルを周辺確率の平方根で割っているので，一般的な傾向として少頻度の周辺確率のカテゴリーに対応するスコアは大きな絶対値をもつことが多く，大きな頻度の周辺カテゴリーに対応するスコアは小さな絶対値をもつ．さらに対応分析は式(11)の少数の項で P を近似するが，この近似値がつねに非負である保証はない．また，複数次元の解を得て解釈をおこなう場合に，つぎのような問題が生じる場合がある．

対応分析の第2次元以降の解は，標準化制約(4)(5)および直交制約(8)を満たしつつ r を最大にするスコアを実現するものである．暗黙のうちに期待されていることは，これらのスコアがそれ以前の次元のスコアとは独立な成分をデータから抽出することである．ところが，実際には相関が0であることは，独立であることを必ずしも意味しない．このため奇妙な現象が生じることがある．

ここで1次元の構造をもつとみなせるデータについて，対応分析がどのような解を与えるかを検討する．まず2変量の正規分布を考え，それぞれの変数が閾値によって区切られることにより，2重分割表が得られているとする．ここで，行，列ともに10個の等しい周辺確率をもつ領域に分割されているとする．また，2変数の相関をここでは0.6とおいた．このようなデータに対応分析を適用して得られた特異値(相関)が表3である．多変量正規分布の確率計算には mvndstpack(Genz, 1992)という FORTRAN サブルーチンを用いた．結果をみると，それぞれの変数は1次元の構造をもつにもかかわらず，特異値はゆっくりと減少し，次元数についての明確な判断ができない．

この問題について検討するため，まず2変量正規分布の特性について検

表3 対応分析と連関モデル($q=3$)の適用結果(1)
2変量正規分布にもとづくデータ(10×10, $\rho = 0.6$)

分析モデル		次元 1	2	3
対応分析	r_k	0.580	0.277	0.088
	$r_k/(1-r_k^2)$	0.875	0.300	0.089
連関モデル	ϕ_k	0.827	0.024	0.011

討する.ここで取り上げる特徴は,変数の非線形変換に関係している.2つの確率変数 X_1 と X_2 の同時分布が2変数正規分布であるとする. X_1 と X_2 の非線形変換をそれぞれ $Y_1 = f_1(X_1)$ および $Y_2 = f_2(X_2)$ とし,それぞれ平均0,分散は1に標準化されているとする. X_1 と X_2 の相関係数 ρ が非負であると仮定すると, Y_1 と Y_2 の相関係数 $E(Y_1 Y_2)$ の絶対値は ρ を超えることはない.

この性質はつぎのような検討によって明らかにすることができる.エルミート多項式は,標準正規分布の確率密度関数 $N(x)$ を用いてつぎのような式で表わされる(Lancaster, 1958; 伏見,赤井,1981).(多くの文献ではエルミート多項式を定義するのに $N(x)$ ではなく $\exp(-x^2)$ の微分を用いているため,変数のスケールが異なる.ここでは標準正規分布による重み付けの積分がわかりやすい形になるよう調整してある.)

$$H_m(x) = \frac{(-1)^m}{N(x)} \frac{d^m}{dx^m} N(x)$$

実際にこの式を計算してみると

$$H_0(x) = 1$$
$$H_1(x) = x$$
$$H_2(x) = x^2 - 1$$
$$H_3(x) = x^3 - 3x$$
$$H_4(x) = x^4 - 6x^2 + 3$$

のような多項式になる.これらの式によって標準正規分布に従う確率変数を変換すると,

$$E[H_m(X)] = 0 \quad (m = 0, 1, \cdots)$$

また
$$E[H_m(X)H_s(X)] = m!\delta_{ms} \qquad (m=1,2,\cdots)$$
である．ここで δ_{ms} はクロネッカーのデルタを表わし，$m=s$ のとき 1 であり，他の場合には 0 となる．これらの多項式が標準正規分布について分散 1 となるように標準化し

$$G_m(x) = \frac{1}{\sqrt{m!}} H_m(x) \qquad (12)$$

と表わすことにする．

X_1 と X_2 とが 2 変量正規分布に従い，各変数は標準正規分布に従うものとする．2 変数の相関係数を ρ とする．この 2 変数の分布について次式の成り立つことが知られている．

$$E[G_m(X_1)G_s(X_2)] = \delta_{ms}\rho^m \qquad (13)$$

ここでつぎの多項式による変数変換を仮定する．

$$Y_j = \sum_{m=1}^{M} a_{jm} G_m(X_j) \qquad (14)$$

上の式(13)より，$E(Y_1) = E(Y_2) = 0$ であり，つぎの式が導かれる．

$$E(Y_1 Y_2) = \sum_{m=1}^{M} a_{1m} a_{2m} \rho^m$$

ここで，Y_j ($j=1,2$) の分散が 1 に標準化されているなら，$\sum_m a_{jm}^2 = 1$ となっている．$0 < \rho < 1$ であるなら，制約のもとで Y_1 と Y_2 の相関が最大になるのは，$Y_1 = X_1$ かつ $Y_2 = X_2$ であることがわかる．

ある 2 変量の変数があり，これが 2 変量正規分布を変量ごとに単調な非線形変換を施して得られるものであると仮定する．2 変量の相関を最大にするような変換を求めれば，これが逆変換になっているはずである．また，分布が 2 変量正規分布になるように変数ごとの変換をおこなえば，そのとき相関が最大になる．

前述の数値例では，周辺分布の区分が十分小さければ対応分析の解は近似的にエルミート多項式になる．理論的にはエルミート多項式は特異値 $r_1 = \rho = 0.6$, $r_2 = \rho^2 = 0.36$, $r_3 = \rho^3 = 0.216$ を与えるが，実際の対応分析の解は離散化の効果により，とくに高次の多項式に対応するところでよ

り小さい値になっている．2変量正規分布にもとづくデータは，本来1次元の構造によって交互作用が説明されるべきであるが，大きな相関がある場合には特異値の系列はゆっくりと減少する．

もうひとつ，より人工的な例を検討してみる．正方の $I \times I$ の大きさをもつ2重分割表 P を考え，その対角要素を含む上三角部分がすべて1であり，対角要素を含まない下三角部分がすべて0であるとする．相対頻度は $i \leq j$ のとき $P_{ij} = 2/\{I(I+1)\}$ であり，それ以外では $P_{ij} = 0$ となる．このデータに対応分析を適用すると，自明でない特異値は $r_k = 1/(k+1)$ $(k = 1, \cdots, I-1)$ となる（岩坪，1987; Otsu, 1990）．この場合もデータに内在する構造は1次元であるとみなせるが，特異値の系列はゆっくりと減少している．

5 連関モデル

Goodman は対応分析のもつ問題点を指摘し，これらを解決するための2つのモデルを提案している（Goodman, 1985, 1986, 1991）．ひとつは，2重分割表の近似を対応分析と同様に式(11)の右辺の一部の項でおこなうが，推定の規準を式(10)における最小2乗法ではなく，多項分布を仮定した最尤法によっておこなおうとするものである．Goodman はこれを**相関モデル**（correlation model）と名づけている．もうひとつは，対数線形モデルの交互作用項に相当する部分の低ランク近似をおこない，そこで得られるスコアによって対応分析と類似の分析をおこなおうとするものである．こちらは**連関モデル**（association model）と呼ばれている．

連関モデルはつぎのように表わされる．ここで π_{ij} は i 行 j 列のセルへの反応確率である．

$$\pi_{ij} = \alpha_i \beta_j \exp\left(\sum_{k=1}^{q} \phi_k x_{ik} y_{jk}\right) \quad (i = 1, \cdots, I; j = 1, \cdots, J) \quad (15)$$

これは多項分布の母数についてのモデルである．α_i と β_j の部分は行と列の主効果であり，指数関数の内部が交互作用を表わす．上の式は観測デー

タが多項分布に従うことを仮定しているが，これに観測件数 N を乗じて各セルの頻度の期待値を表わすものとし，さらにデータがポアソン分布に従うとすると特殊な制約を伴う対数線形モデルと同等になる．スコアの制約にはいくつか方法が考えられるが，Goodman は x_k と y_k に，対応分析と同様の制約 (4)(5)，および (8) を加えている．q が $\min(I, J) - 1$ ならば飽和モデルであり，q の値がそれより小さければ制約のついたモデルになる．

対数線形モデルは多重分割表データを説明する構造として自然であり，また π_{ij} が負となることもない．さらに，相関係数は周辺度数が偏っている場合には関連性の適切な指標とはならないため，関連性をオッズ比によっている対数線形モデルのほうが妥当な場合が多いと期待できる．Goodman (1985, 1991) は，2 変量正規分布を閾値で区分して得られる 2 重分割表へ相関モデルと連関モデルを適用した場合，連関モデルのほうがより明確にデータに内在する 1 次元の構造を示すことを指摘している．

表3は，相関 0.6 をもつ 2 変量正規分布を各変数について 10 個のカテゴリーに区分して得られた 10 × 10 の表に，対応分析と連関モデルを適用した結果である．各カテゴリーの周辺確率はそれぞれ 0.1 となるように閾値を設定してある．また，連関モデルの次元数は 3 とおいた．連関モデルにおいては第 2 次元以降による推定の改善はほとんどなく，第 1 次元の解によってほぼ完全なモデル推定がなされている．これは正規分布の確率密度関数の対数が変数の 2 次関数となることから予想される特徴である．

いっぽう，正規分布以外の構造を仮定すると，連関モデルを用いたとしても必ずしも明快な構造を得られるとは限らない．対応分析の説明で示した上三角行列の構造をもつデータの場合には，連関モデルの次元を変更すると，その度ごとにまったく異なるスコアと ϕ_k の系列が得られる．連関モデルの計算法については Goodman(1985) に反復計算法の記述があるが，ここでは汎用的な制約付き非線形数値最適化のアルゴリズムを用いた．計算には R システム (1.2.3 版; Ihaka and Gentleman, 1996) の最適化関数 (optim) を利用して乗数法 (今野，山下，1978) のプログラムを作成し推定値を求めた．

このような連関モデルの特徴は，対応分析が不適切な解を与える場合の解決策となることもある．4 変量正規分布にもとづくつぎのようなデー

を想定する．変数名を X_1, X_2, X_3, X_4 とし，X_1 と X_3 の相関は $\rho_1 = 0.7$ であり，X_2 と X_4 の相関は $\rho_2 = 0.2$ とする．また他の相関はすべて0とする．ここで，各変数を閾値によって分割し，離散値変数を求める．ここでは各変数を5つの等頻度のカテゴリーに分割する．X_1 と X_2，および X_3 と X_4 によってそれぞれ25のカテゴリーが得られる．X_1 と X_2 の組み合わせのカテゴリーを行とし，X_3 と X_4 の組み合わせのカテゴリーを列とする 25×25 の2重分割表を作成する．それぞれのセルの確率は4変量正規分布から求められる．

このデータを分析する場合，X_1 と X_3 の相関構造，および X_2 と X_4 の相関構造が分析結果において再現できるのが望ましい．表4は対応分析を適用して得られた特異値 r_k と，連関モデルを適用して得られた値 ϕ_k である．

表 4 　対応分析と連関モデル $(q = 3)$ の適用結果 (2)
4変量正規分布にもとづくデータ $(25 \times 25, \rho_1 = 0.7, \rho_2 = 0.2)$

分析モデル		次元 1	2	3
対応分析	r_k	0.648	0.296	0.180
	$r_k/(1-r_k^2)$	1.116	0.325	0.186
連関モデル	ϕ_k	0.974	0.185	0.058

対応分析によって得られた r_1 に対応するスコアは，X_1 と X_3 の相関を忠実に再現している．いっぽう，r_2 に対応するスコアは X_2 と X_4 の関係を表わすものではなく，r_1 に対応するスコアの2次関数成分となっている．上の例では $r_2 = 0.296$ であり，これは ρ_2 より大きく，明らかに X_2 と X_4 の間の関係を表わすものではない．これらの変数の関係に対応する成分は，第3次元のスコア $(r_3 = 0.180)$ として得られている．いっぽう，連関モデルでは ϕ_1 と ϕ_2 とに，X_1 と X_3 の関係および X_2 と X_4 の関係が再現されている．多変量正規分布を分割表の背後に想定すると，カテゴリー区分が十分細かければ，確率密度関数の形からほぼ $\phi = \rho/(1-\rho^2)$ であると期待できる．図1に連関モデルによって得られた y_1 と y_2 の値のプロットを示す．

表1と表2の2重分割表へこれらの手法を適用した結果を表5に示す．

連関モデルにおいては $q=2$ とした．対応分析にくらべて，連関モデルでは1次元の構造が明確に取り出されている．ただし，得られたスコアの値はいずれのモデルでも類似している．表4(職業タイプとAFQT)の第1次元の行スコアを表6に示す．

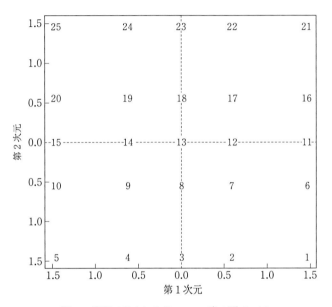

図1 連関モデルによる 25×25 表の列スコア

表5 対応分析と連関モデルによる分析結果

データ/分析モデル		次元 1	次元 2
表1(AFQT vs SES)			
対応分析	r_k	0.532	0.195
	$r_k/(1-r_k^2)$	0.741	0.203
連関モデル	ϕ_k	0.680	0.053
表2(職業タイプ vs AFQT)			
対応分析	r_k	0.462	0.146
	$r_k/(1-r_k^2)$	0.588	0.149
連関モデル	ϕ_k	0.526	0.071

表 6　職業タイプのスコア

職業グループ	対応分析	連関モデル
事務(Clerical)	−0.098	−0.057
製造(Craft)	−0.611	−0.606
農業(Farm)	−0.899	−0.835
労働(Labor)	−1.337	−1.425
管理職(Mgr)	0.551	0.601
熟練工(Operatv)	−1.107	−1.131
専門技術職(Prof/Tech)	1.635	1.581
営業(Sales)	0.927	0.995
サービス(Service)	−0.919	−0.918
運輸(Transpt)	−1.005	−1.083

　対応分析の結果は，図1のように行または列スコアをプロット表示する場合が多いが，Jacques Bertin の可換マトリックス表示法(Bertin, 1984)に，対応分析によって得られたスコアを利用すると効果的な表現が可能である．Bertin はさまざまなデータの視覚表現方法を提案しているが，可換マトリックス表示はそれらのなかでも汎用性が高い．これは，2重分割表など縦横の構造をもつデータの数値を，小さな棒や円などの大きさによって表現し，さらにそれらがまとまった構造をもつように行および列を並べ替えるものである．Bertin の方法はコンピュータグラフィックスの利用が普及する以前に提案されたものであり数理的な理論を背景にもってはいないが，独創的であり視覚研究の専門家によるレビューでも Edward Tufte の著作と並び高い評価を受けている．統計分野におけるデータ視覚化の研究においては，John W. Tukey の影響が大きいが，Bertin のデータ視覚表現はこれとは独立の方法論である．

　図2は Bertin によって提案された方法のひとつである重み付きマトリックスを用いて作成した2重分割表(表2)の表示である．各セルに描かれた小さな箱の面積が，各セルの頻度を表現しており，各行の縦幅は周辺度数に比例している．破線の位置は，行と列とが独立である場合の各セルの期待頻度を表わしている．Bertin(1984)は行列の表示順の並べ替えと作図を手作業でおこなっているが，ここでは連関モデルによって得られた第1次

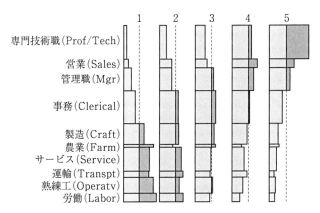

図 2 置換マトリックス表示(職業と AFQT,クロスセクショナル)

元のスコア値によってセルを並べ替え,R システム(Ihaka and Gentleman, 1996)を用いて描画した.

6 多重対応分析

　対応分析は 2 つの離散値変数の関係を分析するものであるが,より多くの変数の相互関係を同時に分析するために利用することも可能である.多変量の離散データ(アイテム・カテゴリーデータ)に対応分析の適用を拡張する方法は**多重対応分析**(multiple correspondence analysis)と呼ばれている.国内では「林の数量化Ⅲ類」という呼称が,多重対応分析を表わすものとして用いられている.
　多重対応分析は,つぎのような方法で対応分析を多変量離散データに適用したものである.まず多変量離散データを,各カテゴリーへの反応を示す 0-1 値のダミー変数によって表わす.表 7 は 0-1 値への変換の例である.このようにして得られた 2 値の行列を Z とする.Z の行は標本を表わし,各列はカテゴリーに対応する.変数(アイテム)を X_j $(j = 1, \cdots, J)$ とし,それぞれの変数 X_j が K_j 個の離散値(カテゴリー)をとるものとし,カテ

表 7　離散値の 2 値データへの変換

変換前			変換後					
X_1	X_2	X_3	X_1		X_2		X_3	
1	1	2	1	0	1	0	0	1	0
1	2	3	1	0	0	1	0	0	1
2	2	1	0	1	0	1	1	0	0
1	2	2	1	0	0	1	0	1	0

ゴリーの総数を $K = \sum_{j=1}^{J} K_j$ とする．また，標本の件数を N とおく．このとき Z は $N \times K$ の行列である．第 j 変数の第 k カテゴリーに対応するダミー変数を Z_{jk} で表わし，この変数の標本 i における値を $z_{i(jk)}$ で表わす．Z の各要素 $z_{i(jk)}$ は 0 か 1 のいずれかの値のみをとるので 2 重分割表とは異なる性質をもつが，行と列が高い相関をもつようにスコアを標準化制約のもとで求めるアイデアはこのデータにも適用できる．

　ここで，Z の中の 1 の総数を T とする．それぞれの変数は択一式に値をとるので，$T = NJ$ である．ダミー変数の値 $z_{i(jk)}$ が 1 であるセルの重みを $P_{i(jk)} = 1/T$ とし，それ以外のセルの重みを 0 とおく．このように $N \times K$ の重み行列 P を構成すると，対応分析を 2 重分割表と同様の計算手続きで適用することができる．もちろんデータを産み出す確率モデルは 2 重分割表と異なるので，最尤法を適用する場合には 2 重分割表の場合とは異なるモデルを考える必要がある．Goodman(1986)はこのような場合への連関モデルの拡張についても触れているが，ここでは古典的な多重対応分析に話題を限定する．

　対応分析の場合と同様に，P の行和を要素とする $N \times N$ の対角行列を F とし，列和を要素とする $K \times K$ の対角行列を G とする．また，それぞれの要素の平方根を要素とする対角行列を，$F^{1/2}$ および $G^{1/2}$ とする．ここで，行和の大きさはデータの性質からすべての行で同一であり，F の対角要素はすべて $1/N$ となる．

　対応分析と同様の計算手順を適用し，つぎの特異値分解をおこなう．

$$F^{-1/2}PG^{-1/2} = \sum_{l=0}^{K-1} d_l \boldsymbol{u}_l \boldsymbol{v}_l^{\mathrm{T}} \tag{16}$$

ここで，行スコアを与える長さ N のベクトルを $\boldsymbol{x}$ とし，列スコアを与える長さ K のベクトルを $\boldsymbol{y}$ とすると，これらは $F^{-1/2}\boldsymbol{u}_l = \boldsymbol{x}_l$ および $G^{-1/2}\boldsymbol{v}_l = \boldsymbol{y}_l$ $(l=1,\cdots,K-1)$ によって求められる．また，上式から

$$\frac{1}{N}P^{\mathrm{T}}P\boldsymbol{y}_l = d_l^2 G\boldsymbol{y}_l \qquad (l=0,\cdots,K-1) \tag{17}$$

が成立していることがわかる．ここで行と列の最大の相関は $r_1 = d_1$ である．

結果を解釈するさいには，通常は対応分析と同様に少数の次元のスコアの空間配置をプロットし，その結果を検討する．行スコア $\boldsymbol{x}_l$ は標本の特徴を表わし，列スコア $\boldsymbol{y}_l$ は各カテゴリーの特徴を表わす．調査データはアイテム・カテゴリーの構造をもつ場合が多いので，多重対応分析が調査データの分析に利用されることが多い(林，鈴木，1973; Greenacre, 1984; 大隅ほか，1994)．しかし，多重対応分析の計算手続きは対応分析と同一であるため，類似の問題が生じる場合がある．

この問題を検討するために，解の性質をもう少しくわしく調べてみる．列スコア($y_{(jk)}$)は標準化制約のもとでの相関を最大にする解であるが，この性質から各 j について，

$$\sum_{i=1}^{N} \sum_{k=1}^{K_j} y_{(jk)} z_{i(jk)} = 0 \tag{18}$$

が成立している(Okamoto and Endo, 1973)．実際，式(18)が成立していなければ，一定数を $y_{(jk)}$ $(k=1,\cdots,K_j)$ に加算(または減算)することにより，行スコアと同一の共分散をもち，しかも列スコアの分散を小さくすることができる．

ここで $\sum_{i=1}^{N} P_{i(jk)} = \sum_{i=1}^{N} z_{i(jk)}/T = g_{(jk)}$ と表記することにすると，$\sum_{k=1}^{K_j} g_{(jk)} = 1/J$ である．上の議論から

$$\sum_{k=1}^{K_j} y_{(jk)} g_{(jk)} = 0 \qquad (j=1,\cdots,J)$$

と

$$\sum_{j=1}^{J}\sum_{k=1}^{K_j} y_{(jk)}^2 g_{(jk)} = 1$$

とが成立していることがわかる．ここで

$$\sum_{k=1}^{K_j} y_{(jk)}^2 g_{(jk)} = a_j^2 \quad (j=1,\cdots,J)$$

とおくと，$\sum_{j=1}^{J} a_j^2 = 1$ であり分散の標準化制約は

$$\sum_{j=1}^{J}\sum_{k=1}^{K_j} (a_j w_{(jk)})^2 g_{(jk)} = 1$$

となる．ここで $w_{(jk)} = y_{(jk)}/a_j$ であり，

$$\sum_{k=1}^{K_j} w_{(jk)}^2 g_{(jk)} = 1 \quad (j=1,\cdots,J)$$

が成立している．

　以上を考慮すると，多重対応分析の計算は

（1）アイテム（各変数）において，平均0，分散1となるようにカテゴリーへのスコアを求める

（2）求められた J 個の変数の主成分分析をおこなう（係数 a_j を求める）

という2つの手続きを，主成分の説明力が最大になるよう同時におこなっているとみなせる．

　結果を解釈するうえでの問題のひとつは，対応分析の場合と同様に，求めるべきスコアの高次の多項式で表わされる成分が解となる場合のあることである（Okamoto, 1993）．ここでは多変量正規分布にもとづく人工データを用いて，多重対応分析の性質を検討する．多変量正規分布を用いるのは，データの特徴（とくに非線形の変換を加えた変数間の相関）が理論的に把握しやすいことがひとつの理由である．また，対応分析の例に示したように，多変量正規分布を想定した閾値モデルが離散データから得られる多重分割表のモデルとして採用しうる場合が多いことも考慮した．

　つぎのような手順で，人工的に離散多変量データを作成する．

（1）表8に示す分散行列に従って，5変量正規乱数を100件生成する．

（2）5個の変数のおのおのについて，順位によって5つのカテゴリーを与える．1～20番は1，21～40は2とし，以下同様に各カテゴリーが

20個のサンプルを含むようにする.
(3) おのおのが5個のカテゴリーをもつ5つの変数から，0-1の値をもつ25個のダミー変数をつくる．これを多重対応分析の入力データとする.

表8 アイテム・カテゴリーデータのための分散共分散行列

変数	X_1	X_2	X_3	X_4	X_5
X_1	1.0				
X_2	0.7	1.0			
X_3	0.5	0.7	1.0		
X_4	0.2	0.5	0.7	1.0	
X_5	0.1	0.2	0.5	0.7	1.0
固有値	2.971	1.239	0.400	0.229	0.162
固有ベクトル					
$\boldsymbol{x}_1$	0.369	0.476	0.525	0.476	0.369
$\boldsymbol{x}_2$	0.586	0.396	0.000	-0.396	-0.586

表9 多重対応分析による特異値
（アイテム・カテゴリーデータ）

	次元			
	1	2	3	4
r_k	0.770	0.600	0.556	0.535
$5 \times r_k^2$	2.967	1.797	1.545	1.431

このようにして得られたデータに多重対応分析を適用すると，推定された相関係数は表9のようになった．図3は，この結果得られたカテゴリースコアのプロットである．図中 **1A** などの記号は数字がアイテムの番号を示し，英字がアイテム内でのカテゴリーを示している．表8に示した分散行列の第1主成分は第1次元に抽出されているが，第2次元で得られているのは第1次元の2次関数成分である．分散行列Σの第2主成分は第3次元以降のスコアの中に埋没している.

このような多重対応分析の特徴は，対応分析の場合と類似の検討によって理解できる.

データを生成する元となる多変量正規分布の変数を $X_1, \cdots, X_J$ とし，各

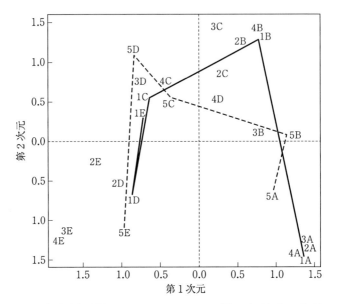

図 3　多重対応分析によるカテゴリースコア（第 1 次元と第 2 次元）

変数の非線形の単調変換を $Y_j = f_j(X_j)$ とする．また標準化制約
$$E(Y_j) = 0, \quad \mathrm{Var}(Y_j) = 1$$
が $j = 1, \cdots, J$ について成り立つとする．これらの変数の非線形変換を伴う主成分分析を考える．つまり，各 f_j の変形しうる範囲を制約し（たとえば一定次数以下の多項式），標準化制約を満たすもののうち，つぎの式の分散が $\sum_j a_j^2 = 1$ の制約のもとで最大になるものを求める．

$$\sum_{j=1}^{J} a_j Y_j$$

多重対応分析の解によって得られる行スコアの定数倍
$$r_l \sqrt{J} \boldsymbol{x}_l = N\sqrt{J} P \boldsymbol{y}_l$$
は，上の非線形変換を伴う変数和によるスコアの近似になる．

ここで，観測値が各 X_j の M 次以下の多項式による非線形変換 $f_j(X_j)$ によって表わされるとする．このとき上の主成分を表わす式はつぎのようになる．

$$\sum_{j=1}^{J}\sum_{m=1}^{M} a_{jm} G_m(X_j) \qquad (19)$$

非線形変換 G_m は式(12)に示した標準化されたエルミート多項式であり、また $\sum_{j=1}^{J}\sum_{m=1}^{M} a_{jm}^2 = 1$ と制約される．この式(19)の分散を最大にすることは、$J \times M$ 個の変数の主成分分析をおこなうことに等しい．ここで $G_m(X_j)$ と $G_m(X_k)$ の共分散は σ_{jk}^m であり、また m が異なるものの間では共分散は 0 である．これら $G_m(X_j)$ ($j=1,\cdots,J$) の共分散行列を $\Sigma^{(m)} = (\sigma_{jk}^m)$ と表わす．各変数の分散が 1 なのでこれらは相関行列となる．また、$G_m(X_j)$ ($j=1,\cdots,J;\ m=1,\cdots,M$) の共分散行列は、添字 j が先に動くものとすると $\Sigma^{(m)}$ をブロック対角要素として並べた JM 次の正方行列になる．

$\Sigma^{(m)}$ の固有値を $\lambda_k^{(m)}$ ($k=1,\cdots,J$) とし、これらは降順に並んでいるものとする．半正定値な対称行列のアダマール積についての性質から、つぎが導かれる(Styan, 1973)．

$$\lambda_1^{(m)} \geq \lambda_1^{(m+1)}, \quad \lambda_J^{(m)} \leq \lambda_J^{(m+1)} \qquad (m=1,\cdots,M-1)$$

この性質が成り立つためには Σ の対角要素が 1 であることが必要である．また、最大固有値と最小固有値以外については、このような不等式は一般には成立しない．この性質から式(19)が第 1 主成分を与えるのは、$a_{jm} = 0$ ($j=1,\cdots,J;\ m=2,\cdots,M$) であり、しかも (a_{j1}) が $\Sigma = \Sigma^{(1)}$ の固有ベクトルであるときであることがわかる．また、第 2 主成分は $\Sigma^{(1)}$ の第 2 固有値に対応する場合と $\Sigma^{(2)}$ の第 1 固有値に対応する場合とがある．

多重対応分析の解を検討すると、$J \times r_k^2$ が非線形変換を伴う主成分分析の固有値に相当することがわかる．実際、上の例での最大特異値 r_1 を 2 乗し 5 倍 ($J=5$) すると 2.967 となり、母相関行列の最大固有値 2.971 に近い．また、データの背後に多変量正規分布を想定すると、最大特異値 r_1 に対応する行スコアは、母相関行列 Σ の第 1 主成分に対応することが期待できる．問題が生じる可能性があるのは r_2 以降に対応するスコアであり、これらは Σ の 2 番目以下の主成分に対応することもあるし、また $\Sigma^{(2)}$ の主成分に対応する場合もありうる．上の人工データについての多重対応分析の例では、2 番目の特異値に対応して得られたスコアは、ほぼ $\Sigma^{(2)}$ の最大固有値に対応している．

7 尺度最適化を伴う主成分分析

多重対応分析で問題の生じる原因のひとつは，カテゴリーにスコアを与えるさいに分析次元ごとに異なる値を求めていることである．これを共通の値に制約するならば，主成分の2次関数成分が得られることは避けられる．このためには，多重対応分析とは異なる規準によってスコアを求める必要がある．

実際に分析の対象となる多変量データの性質は多様であり，多変量正規分布に変数ごとの変換を加えたものとはみなせない場合も多い．しかし，少なくともデータがこのような性質をもっている場合には，変換前の多変量正規分布の共分散構造を再現できることが望ましい．

変換前の多変量正規分布の変数を $j=1,\cdots,J$ について X_j とし，変換後の変数を $Y_j = f_j(X_j)$ とする．各変数に変換を加えて X_j を厳密に再現するためには，各 f_j が単調でなければならない．この仮定も実際のデータにおいて成立しているか否かは明らかでないが，ここでの検討では単調性が成立するものとする．ただし，Y_j が離散値である場合には各カテゴリーに対応するスコアを求めることにより f_j^{-1} を近似的に推定することになり，カテゴリーの順序に意味がなければ単調性の制約は実際の計算においては考慮する必要がない．

変数の逆変換を推定するひとつの方法は，第1主成分の分散が最大になるように f_j^{-1} を平均・分散一定の制約のもとで求めることである．これは，離散値変数の場合を考えるなら，多重対応分析の第1次元で得られる解を各変数の非線形変換として採用することに等しい．この規準のもとでは，相関行列 Σ_{YY} の最大固有値 λ_1 が最大となるように非線形変換(19)が選ばれる．もし，X_j が多変量正規分布に従うのなら，Σ_{YY} の最大固有値は Σ_{XX} の最大固有値となり，変数 X_j が非線形変換によって再現される．さらにこの規準を一般化して，Σ_{YY} の上位 q 個の固有値の和

$$\theta = \sum_{k}^{q} \lambda_k$$

を最大化するように設定することもできる．最大固有値($k=1$)については，つぎの不等式

$$\lambda_k^{(1)} \geq \lambda_k^{(2)} \geq \cdots \geq \lambda_k^{(M)}$$

が成立するが，それ以外($k>1$)では一般的には成立しない．しかし，Σ_{XX} の上位 q 個の固有値が顕著に大きければ，$\Sigma_{XX}^{(m)}$ の上位 q 個の固有値の和は q が大きくなるにつれて減少する傾向にあるので，$Y_j = X_j$ であるときに θ が最大となることが期待できる．小規模なシミュレーションによる検討では，Σ_{XX} が顕著に大きな2個の固有値をもつ場合には，$q=2$ と設定すると $q=1$ あるいは $q=3$ とする場合よりも安定した尺度値が得られている(大津, 1993)．この規準は Kuhfeld et al.(1985)によって **MTV**(maximizing total variance)規準と呼ばれており，Bekker と de Leeuw(1988)や Gifi(1990), Heiser と Meuleman(1995)において尺度最適化を伴う主成分分析の規準として採用されているものと同等である．これらの手法についての日本語での概説は足立(2000)にある．

もうひとつの方法は，Σ_{YY} の一般化分散(行列式)

$$\eta = \det \Sigma_{YY}$$

が最小になるように各 f_j を定めるものである．ここで変数 Y_j を Y_1 とそれ以外に分け，それぞれの分散と共分散行列を σ_{11} および Σ_{22} とする．また，Y_1 と $Y_2,\cdots,Y_J$ との共分散ベクトルを $\boldsymbol{\sigma}_{12}$ とする．Σ_{YY} の一般化分散は公式を用いて

$$\det \Sigma_{YY} = (\sigma_{11} - \boldsymbol{\sigma}_{12}\Sigma_{22}^{-1}\boldsymbol{\sigma}_{12}^{\mathrm{T}}) \times \det \Sigma_{22}$$

と分解できる．右辺の最初の部分は，Y_1 を $Y_2,\cdots,Y_J$ で予測したときの残差の分散である．他の Y_j についても同様の表現が可能である．つまり，一般化分散を最小化することは，各変数を他の変数によって予測するとき，それぞれの残差が少なくなるように非線形変換を定めていることになる．もし，Y_j が1次従属であれば一般化分散は最小値0になり，たがいに独立なら最大値1をとる．この規準は Kuhfeld et al.(1985)では **MGV**(minimizing generalized variance)規準と呼ばれている．

MGV 規準を用いることの妥当性は多変量正規分布の性質から導かれる．一般に半正定値な 2 つの対称行列 A と B のアダマール積の行列式について，つぎの不等式が成り立つ(Styan, 1973)．

$$\det(A * B) \geq \det A \times (b_{11} \times \cdots \times b_{JJ})$$

ここで $*$ は行列のアダマール積(要素積)を表わす．エルミート多項式を用いた非線形変換

$$Y_j = \sum_{m=1}^{M} a_{jm} G_m(X_j) \qquad (j = 1, \cdots, J)$$

の係数を対角要素とする行列を $\mathrm{diag}(a_{1m}, \cdots, a_{Jm}) = A_m \ (m = 1, \cdots, M)$ とおくと，

$$\Sigma_{YY} = \sum_{m=1}^{M} A_m \Sigma^{(m)} A_m = \Sigma * \left(\sum_{m=1}^{M} A_m \Sigma^{(m-1)} A_m \right)$$

となる．上の式の各因子の対角成分は 1 であるので，つぎの不等式が成立する．

$$\det \Sigma_{YY} \geq \det \Sigma$$

これは，変数が 1 次従属であったり，あるいは独立である場合を除いて，多変量正規分布の構造が一般化分散を最小化する非線形変換によって復元できることを意味する．MGV 規準は分析次元をあらかじめ指定する必要がなく，また分析対象が少数の変数の場合には，分析次元 q を適切に設定した MTV 規準と同程度に解が安定する(大津，1993)．しかし，変数に比べ標本数が少ない場合には相関行列が特異になる場合がある．また，特定の 2 変数間の相関によって規準値 η が強く影響を受けやすい．

表 10 は多重対応分析と同じデータを，MGV 規準を用いる方法によって分析したものである．計算には準ニュートン射影法を用いて尺度最適化をおこなうプログラム OSMOD(Saito and Otsu, 1988; Otsu and Saito, 1990; 大津，1993)を利用した．固有値，固有ベクトルともにデータを生成するもとになった多変量正規分布の構造をよく再現している．OSMOD では，特定の変数について尺度最適化を用いず変数の値をそのまま利用したり，カテゴリーに順序がある場合には推定される尺度値が順序制約を満たすよう最適化の範囲を制限できるが，ここではすべての変数を順序制約を課さな

表 10 人工データの分析結果(MGV)

	次 元		
	1	2	3
固有値	2.817	1.144	0.560
固有ベクトル			
1	0.384	0.563	0.553
2	0.469	0.462	−0.159
3	0.500	−0.111	−0.520
4	0.503	−0.328	−0.187
5	0.359	−0.592	0.603

い離散値(名義尺度)として扱った．

■**NLSY79 の分析例**

TBC において分析されたデータの一部は，著者のひとりである Murray によって公開されている．データは基本的に NLSY79 によるものであるが，一部の変数は TBC の著者らによってデータベース中の変数から独自に計算されたものである．ここではこのデータの一部を使って変数間の関係の概要を把握することを試みる．また，TBC では層別のサンプル抽出率から計算された補正用のサンプル重みを利用しているが，ここではこれを利用せず分析をクロスセクショナルサンプルに限定した．

変数：とくに，TBC で問題となっている AFQT 得点と被験者の家庭環境，および成人後の社会的達成のひとつの指標と考えられる収入に関係するものを中心に，情報の重複や欠測の状況を考慮して変数を選んだ．また，Murray らによる変数のほかに 1989 年と 1990 年の時間あたり賃金の支払い額を加えた．

(1)zIQYr89：年齢補正済の AFQT89 正規スコア(知能テスト得点，Murray らによって計算されたもの．1989 年方式によって ASVAB 得点から計算される．ASVAB は調査開始時におこなわれている)．(2)zAge：標準化された年齢．(3)zSES：被験者の育った家庭の社会経済地位(Murray らによって調査開始時の両親の学歴，家計収入，両親の職業威信スコアを用いて

計算されたもの).(4)Race4:人種(白人,黒人,ヒスパニック,その他).NLSY の変数コード R2147, R96 を用いて構成.(5)MoNoWk89:1989 年に少なくとも1週間以上就業していたが,就業期間が48週以下であるもの.学業のために89年または90年に就業していなかったものは欠測とする.(6)MoUnemp89:1989 年に少なくとも4週間雇用されていなかった期間のあるもの.学業のために89年または90年に就業していなかったものは欠測とする.(7)Adult14B:最初の(生物学的または養親)と被験者が14歳時にいっしょに住んでいたか.(8)BornWher:出生地が米国内であるか外国か.(9)FinDegre:1990年までに得た最高の学位.(10)Health89:1989年に病気などにより就業が妨げられたか.(11)Jail:刑務所などの矯正施設において NLSY の面接を受けたことがあるか.(12)KInc89:1989年における家計収入(給与,賃金,各種の補助金,利子,不動産収入などを含む.配偶者の収入は含まれない.1990年ドル換算).(13)KWage89:1989年における被験者の給与,賃金(1990年ドル換算).(14)Occ90Typ:1990年における被験者の職業分類.1970年方式の US センサスコードにもとづく.(15)Pov89:1989年において被験者の家計収入が貧困ライン以下であるか.(16)RelAtt:宗教活動への参加頻度.(17)Sex:性別.(18)Wed90:1990年における結婚の状況.(19)Hourly90:1989年と1990年における労働時間あたりの支払額.調査時または調査時にもっとも近い時点での職業についての回答.2年分の平均を求める.片方が欠測の場合は,測定されている年のみを用いる.NLSY79 のオリジナルデータベースから抽出した.値が離散値で与えられている変数については,それらをカテゴリーとしさらに欠測値または非該当も1つのカテゴリーとみなす.連続変数については,測定値を 20% ずつの分位点によって5つのカテゴリーに分割し値を離散化した.欠測および非該当については同様に追加のカテゴリーとして扱う.カテゴリー名は値の昇順の整数とする.理論的にはこのような欠測の取り扱い方法には問題があるが,現状では欠測に対応したソフトウェアが使えないため便宜的に対処した.統計的多変量解析における欠測値への対応方法については Schafer(1997)がくわしい.

被験者:分析対象はクロスセクショナルサンプルに限定した.さらに欠

測によって計算上の困難が生じるのを避けるため，つぎのいずれかに該当する被験者を分析から除いた．(1)zIQYr89 が欠測．(2)Adult14B が欠測．(3)KWage89 が欠測．(4)KInc89 が欠測．(5)Occ90Typ が欠測．この結果 2146 件の被験者が削除され，分析対象は 3965 件となった．

ここでは欠測を 1 つのカテゴリーとして扱っているので，すべてのデータを用いても計算をおこなうことじたいは可能である．しかし，同じ年に測定された変数は，同一の被験者が欠測している場合が多く，最適尺度の計算においてみかけ上の大きな相関をもたらすため被験者を制限した．

削除の率は女性のほうが大きい(女性 37%，男性 33%)．また削除された被験者群の IQ 得点(zIQYr89)，社会経済地位(zSES)，1989 年の収入(KInc89)などはクロスセクショナルサンプル全体の平均より低めである．zIQYr89 の全体平均は -0.02，削除群平均は -0.24 である．zSES については全体平均は -0.01，削除群の平均は -0.17．また，KInc89 の全体の平均は 37392，削除群の平均は 28553 である．

計算手続き：変数間の相互関係を把握するために，カテゴリーへの尺度値を MTV 規準を用いて求めた．各変数の分散は 1 となるよう標準化制約をおいている．分析次元は $q = 3$ とした．

結果：求められた相関行列の固有値を表 11 に，固有ベクトルを表 12 に示す．図 4 は第 1，および第 2 固有ベクトルのプロットである．表 13-15 には，推定されたカテゴリーのスコア値を示す．

分析の結果得られた固有ベクトルのプロットでは，AFQT 得点(zIQYr89)と社会経済地位(zSES)とがたがいに類似している(尺度最適化によって得られた相関は 0.51，連続値間の相関は 0.53)．TBC では AFQT と社会経済地位を被験者についての異なる属性とみなし，どちらがより大きく社会的達成に関係しているかを議論している．しかし，この問題についての結

表 11　NLSY79, 18 変数の OSMOD による固有値(MTV 規準 $q = 3$)

	1	2	3	4	5
固有値	3.723	1.896	1.411	1.235	1.134
累積寄与率	0.207	0.312	0.391	0.459	0.522

表 12　NLSY79, 18 変数の OSMOD による固有ベクトル (MTV 規準 $q = 3$)

No.	変数	次元 1	次元 2	次元 3
15	Pov89	−0.31	−0.21	0.11
5	MoNoWk89	−0.27	−0.33	0.25
6	MoUnemp89	−0.22	−0.20	0.30
14	Occ90Typ	−0.19	0.43	0.27
7	Adult14B	−0.19	0.10	−0.17
18	Wed90	−0.18	−0.10	0.03
19	Hourly90	−0.05	−0.21	−0.43
2	zAge	0.00	−0.04	−0.18
8	BornWher	0.04	−0.05	0.21
17	Sex	0.04	0.41	0.41
16	RelAtt	0.09	−0.15	−0.10
10	Health89	0.12	0.14	−0.15
11	Jail	0.12	−0.09	−0.11
4	Race4	0.21	−0.14	0.38
3	zSES	0.31	−0.25	0.24
9	FinDegre	0.34	−0.28	0.02
13	KWage89	0.35	0.29	−0.01
1	zIQYr89	0.35	−0.26	0.19
12	KInc89	0.37	0.17	−0.12

論を NLSY79 データについての回帰分析によって得ることはかなり困難であることがわかる．もし，AFQT 得点と社会経済地位とが異なる方向を主成分空間の中でもっているならば，これら 2 つの変数のいずれが他の指標とより強い関係をもっているかという比較は，少なくとも記述としての意味をもつ．しかし，たがいに類似した 2 つの変数の回帰係数は，ほかにどのような変数を説明変数として採用するかによって大きく変化し，意味のある解釈をするのがむずかしい．ただし，ここでの分析においては AFQT 得点と社会経済地位の両者とも 5 カテゴリーに離散化されているため，精度の違いが連続変数の場合より小さくなっている．

　最適尺度化を伴う主成分分析は，離散値をもつ変数間の相関にもとづいているため，偏った頻度をもつ変数(この例では，Health89, Jail など)にかかわる相関を過小評価している可能性が大きい．また，時間あたり支払い

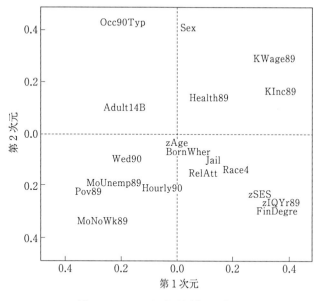

図 4　OSMOD による固有ベクトル

額(Hourly90)と性別(Sex)の相関は -0.27 となったが，これは Hourly90 の欠測率が男女で大きく異なるため(男性の欠測率が大きい)欠測カテゴリーに大きなスコアが与えられ，みかけ上の相関が生じたものである．さらに，名義尺度カテゴリーに 1 次元の尺度を与えて分析することが妥当であるか疑わしい可能性もある．しかし，少なくともデータに含まれる構造の概要を把握することはできる．

第 1 主成分および第 2 主成分を検討すると，1990 年前後の収入に関係するもの(MoNoWk89, MoUnemp8, KInc89, KWage89, Pov89)，および学歴と職業種別に関係するもの(zIQYr89, zSES, FinDegre, Occ90Typ)との 2 つのグループが認められる．これら 2 つのグループの変数はたがいに関係しあっているが，グループ内よりは絶対値の小さな相関をグループ間で示している．第 1 主成分は，収入と学歴など社会経済地位に関係している．第 1 主成分が大きい値を示すのは，収入が少なく，学歴(FinDegre)や AFQT 得点(zIQYr89)が低い被験者である．第 2 主成分は職業種別(専門職が最大

表 13　推定されたカテゴリー尺度値（1）

変　数	カテゴリー	件数	尺度値
1. zIQYr89	1	644	1.74
	2	782	0.64
	3	800	−0.02
	4	866	−0.57
	5	873	−1.27
2. zAge	1	832	−0.45
	2	801	1.68
	3	799	0.49
	4	777	−0.58
	5	756	−1.20
3. zSES	1	694	1.63
	2	770	0.68
	3	821	−0.08
	4	817	−0.55
	5	863	−1.32
4. Race4	ヒスパニック	252	2.26
	黒人	415	2.10
	他	200	0.59
	白人	3098	−0.50
5. MoNoWk89	就業	2853	0.62
	非就業	915	−1.43
	欠測	197	−2.26
6. MoUnemp89	雇用	3392	0.40
	欠測	182	−1.53
	非雇用	391	−2.77
7. Adult14B	父母	3065	0.52
	父親	113	−1.05
	母親	692	−1.65
	非同居	95	−3.44
8. BornWher	米国	3824	−0.19
	米国外	141	5.21

尺度値）と性別（女性が正）の得点が大きく，また収入に関係する変数群と，学歴・親の社会経済地位・AFQT 得点などを分離している．

　少なくともここでの分析からみるかぎり，AFQT 得点と親の社会経済地位

表 14　推定されたカテゴリー尺度値(2)

変　数	カテゴリー	件数	尺度値
9. FinDegre	高卒未満	388	2.01
	高卒	1969	0.24
	GED	278	0.98
	欠測	136	−0.31
	短大	258	−0.63
	大学	751	−1.37
	修士	139	−1.55
	専門学位	46	−1.74
10. Health89	就業不可	35	7.64
	欠測	65	3.93
	制限あり	142	2.26
	健康	3723	−0.23
11. Jail	なし	3907	−0.12
	あり	58	8.21
12. KInc89	1	642	2.12
	2	821	0.17
	3	819	−0.30
	4	828	−0.59
	5	855	−0.90
13. KWage89	1	328	2.04
	2	831	1.14
	3	929	0.03
	4	906	−0.67
	5	971	−1.07
14. Occ90Typ	労働	177	−1.70
	運輸	117	−1.66
	製造	470	−1.54
	農業	51	−1.21
	熟練工	351	−1.06
	欠測	22	−0.05
	サービス	529	0.04
	管理職	527	0.12
	営業	217	0.64
	事務	732	0.72
	専門技術職	772	1.18

表 15 推定されたカテゴリー尺度値(3)

変　数	カテゴリー	件数	尺度値
15. Pov89	該当せず	3649	0.29
	該当（貧困）	316	−3.40
16. RelAtt	欠測	3	5.85
	参加せず	747	1.79
	不定期	1045	0.04
	月 1 回	361	−0.11
	月 2-3 回	443	0.11
	週 1 回	953	−1.08
	週 1 回以上	413	−0.91
17. Sex	女性	1946	1.02
	男性	2019	−0.98
18. Wed90	既婚	2269	0.73
	未婚	1126	−0.40
	欠測	45	−1.03
	死別	14	−1.29
	別居/離婚	511	−2.22
19. Hourly90	欠測	1161	1.52
	1	543	−0.34
	2	580	−0.33
	3	546	−0.70
	4	555	−0.76
	5	580	−1.00

はたがいに異なる2つの特性というよりは，むしろ共通の属性についての指標としての色合いが強い．Fischer et al.(1996)や Devlin et al.(eds.)(1997)に示されている再分析は，各種の回帰において新たな説明変数を加えると AFQT 得点の説明力が小さくなることを示している．上の分析で示された構造が，これらの回帰分析の結果が容易に食い違うことを説明する．

8　おわりに

　TBC における NLSY79 の分析とその批判からわかるのは，介入を伴わない社会調査データのみから変数間についての影響関係について推論をおこなうことが困難であるということである．調査が厳密におこなわれているならば，みかけ上の関係について信頼しうる数値を得ることは可能であるが，影響関係についての推論をおこなうためにはデータ以外の情報が必要である．実際に調査データの分析をおこなう場合には，データから得られる変数間の関係と，分析者が事前にもっている影響関係についての知識の両者を検討する必要がある．明快な結果が得られるのは介入を伴う実験であるが，もし影響関係についての理論的な枠組みがわかっている場合には影響関係を特定しうることもある．どのような条件のもとで影響関係が推定しうるかについては，1990 年代以降に理論が進展した(Pearl, 2000)．

　事前に知られている知識とデータとの統合をおこなうためには，データの特徴を分析者がよく把握している必要がある．パーソナルコンピュータの性能の進展は，記述的な多変量解析手法を容易に実行できる環境を実現した．柔軟な計算とグラフィックス表示機能をもつソフトウェアを用いて，ここで紹介した手法を利用しやすい形で実現することができる．多くの研究において，データから結論を導くためには精密なモデル分析が必要とされるが，取り扱うデータの量や変数が増えるとともに，データの概要を理解するための効果的な記述方法の必要も大きくなる．電子的に蓄積されたデータの増加と計算環境の発展は，新たな記述的手法の発展を促すと思われる．

参考文献

足立浩平(2000): 多変量カテゴリカルデータの数量化と主成分分析. 心理学評論, **43**, 487-500.
Arrow, K., Bowles, S., and Durlauf, S. (eds.)(2000): Meritocracy and Economic Inequality. Princeton University Press.
Bekker, P. and de Leeuw, J. (1988): Relations between variants of non-linear principal component analysis. In van Rijckevorsel, J. L. A. and de Leeuw, J. (eds.): Components and Correspondence Analysis: Dimension Reduction by Functional Approximation. Wiley.
Bouchard, T. J. Jr. and McGue, M. (1981): Familial studies of intelligence: A review. Science, **212**, 1055-1059.
Bouchard, T. J. Jr., Lykken, D. T., McGue, M., Segal, N. L. and Tellegen, A. (1990): Sources of human psychological differences : The Minnesota study of twins reared apart. Science, **250**, 223-228.
Center for Human Resource Research (1999): NLSY79 User's Guide, A Guide to the 1979-1998 National Longitudinal Survey of Youth 1979 Data, Columbus, Ohio: The Ohio State University.
Devlin, B., Fienberg, S. E., Resnick, D. P. and Roeder, K. (eds.)(1997): Intelligence, Genes, and Success: Scientists Respond to The Bell Curve. Springer.
Feldman, M. W., Otto, S. P. and Christiansen, F. B. (2000): Genes, culture, and inequality. in Arrow et al. (eds.).
Fischer, C. S. , Hout, M. , Jankowski, M. S. , Lucas, S. R. , Swidler, A. and Voss, K. (1996): Inequality by Design: Cracking the Bell Curve Myth. Princeton University Press.
Flynn, J. R. (1984): The mean IQ of Americans: Massive gains 1932 to 1978. Psychological Bulletin, **95**, 29-51.
Flynn, J. R. (1987): Massive IQ gain in 14 nations: What IQ test really measure. Psychological Bulletin, **101**, 171-191.
Flynn, J. R. (2000): IQ trends over time: intelligence, race, and meritocracy. in Arrow et al. (eds.).
Genz, A. (1992): Numerical computation of multivariate normal probabilities. Journal of Computational Graphical Statistics, **1**, 141-149.
Gifi, A. (1990): Nonlinear Multivariate Analysis. Wiley.
Goodman, L. A. (1985): The analysis of cross-classified data having ordered and/or unordered categories : association models, correlation models, and asymmetry models for contingency tables with or without missing entries.

The Annals of Statistics, **13**, 10-69.

Goodman, L. A. (1986): Some useful extensions of the usual correspondence analysis and the usual log-linear models approach in the analysis of contingency tables (with discussion). *International Statistical Review*, **54**, 243-309.

Goodman, L. A. (1991): Measured, models, and graphical displays in the analysis of cross-classified data (with comments). *Journal of the American Statistical Association*, **86**, 1085-1138.

グールド, S. J. (1998): 鈴木善次, 森脇靖子(訳): 人間の測りまちがい——差別の科学史. 増補改定版. 河出書房新社.

Greenacre, M. J. (1984): Theory and Applications of Correspondence Analysis. Academic Press.

林知己夫, 鈴木達三(編)(1973): 比較日本人論——日本とハワイの調査から. 中公新書, **333**. 中央公論社.

林文, 田中愛治(1996): 面接調査と電話調査の比較の一断面——読売新聞社世論調査室の比較実験調査から. 行動計量学. **23**(1).

Heckman, J. J. (1995): Lessons from The Bell Curve. *Journal of Political Economy*, **105**, no.5, 1091-1120.

Heiser, W. J. and Meulman, J. J. (1995): Nonlinear methods for the analysis of homogeneity and heterogeneity. In W. J. Krzanowski(ed.): *Recent Advances in Descriptive Multivariate Analysis*, 51-89. Clarendon Press: New York.

Herrnstein, R. J. and Murray, C. (1994): The Bell Curve: intelligence and class structure in American life. Free Press.

伏見康治, 赤井逸(1981): 直交関数系. 共立出版.

Ihaka, R. and Gentleman, R. (1996): R: A language for data analysis and graphics. *Journal of Computational and Graphical Statistics*, **5**, 299-314.

岩坪秀一(1987): 数量化法の基礎. 朝倉書店.

Jensen, A. R. (1969): How much can we boost IQ and scholastic achievement?. *Harvard Educational Review*, **39**, No.1, 1-123.

加藤央子(1996): 朝日新聞社の電話調査について. 行動計量学. **23**(1).

今野浩, 山下浩(1978): 非線形計画法. 日科技連出版社.

Kuhfeld, W. D., Sarle, W. S. and Young, F. W. (1985): Methods of generating model estimates in the PRINQUAL macro. *SAS Users Group International Conference Proceedings: SUGI*, 962-971.

Lancaster, H. O. (1958): The structure of bivariate distributions. *The Annals of Mathematical Statistics*, **29**, 716-736.

西里静彦(1982): 質的データの数量化——双対尺度法とその応用. 朝倉書店.

Nishisato, S. (1994): Elements of Dual Scaling : An Introduction to Practical Data Analysis. L. Erlbaum Associates.

Okamoto, M. (1993): The Guttman effect of a linear trait in Hayashi's third

method of quantification. *Mathematica Japonica*, **39**, 523-535.
Okamoto, M. and Endo, H. (1973): Basic properties of categorical canonical correlation analysis. *Journal of Japan Statistical Society*, **4**, 15-23.
大隅昇，ルバール，L.，モリノウ，A.，ワーウィック，K. M.，馬場康維(1994)：記述的多変量解析法．日科技連出版社．
Otsu, T. (1990) : Solutions of correspondence analysis with artificial data of typical patterns. *Behaviormetrika*, **28**, 37-48.
大津起夫(1993)：OSMOD とその拡張——人工データによる特性の検討．行動計量学，**20**, 9-23.
Otsu, T. and Saito, T. (1990) : The problem of local optimality with OSMOD. *Psychometrika*, **55**, 517-518.
Saito, T. and Otsu, T. (1988) : A method of optimal scaling for multivariate ordinal data and its extensions. *Psychometrika*, **53**, 5-25.
SAS Institute (1990) : *SAS/STAT User's Guide, Version 6*. Volume 2, Chapter 34 The PRINQUAL Procedure, 1265-1323. SAS Institute Inc.
Schafer, J. L. (1997) : Analysis of Incomplete Multivariate Data, Chapman & Hall.
Sternberg, R. J. (ed.) (1995) : Encyclopedia of Human Intelligence, Simon & Schuster Macmillan.
Styan, G. P. H. (1973) : Hadamard products and multivariate statistical analysis. *Linear Algebra and its Applications*, **6**, 217-240.
統計数理研究所，国民性調査委員会(編)(1992)：第5日本人の国民性——戦後昭和期総集．出光書店．
山岡和枝，林知己夫(1999)：電話帳記載・非記載者をめぐる諸問題——首都圏調査から．行動計量学，**26**(2)．
吉野諒三(2001)：心を測る——個と集団の意識の科学．朝倉書店．

参考書ガイド

- サイエンティフィック・アメリカン編集部(1999)：別冊日経サイエンス 128. 知能のミステリー．日経サイエンス．
知能研究の現状についてくわしい．Gardnar, R. J. Sternberg など一線の研究者による解説が含まれている．
- 東洋(著)，柏木惠子(編)(1989)：教育の心理学——学習・発達・動機の視点．有斐閣．
教育心理学全般についての優れた解説である．知能研究の背景を知ることができる．著者自身の研究による日米での母子関係と子供の発達の関係や，認知心理学との関係が説明されている．
- 繁桝算男(編著)(1998)：心理測定法．放送大学教育振興会．
ここでは触れなかったが，心理学における統計手法として特色があるのは尺度化

とテスト理論である．尺度化とは，被験者の異同判断や選好判断から対象の尺度スコアを生成する手法である．いっぽう，テスト理論は，設問項目の特徴を分析し有効に機能するテストを設計するための手法である．本書はこれらの心理測定法についての簡潔な解説．

- Agresti, A. (1996) : An Introduction to Categorical Data Analysis. Wiley.

英文であるが連関モデルの前提になっている対数線形モデル，およびロジスティック回帰についてのわかりやすい教科書．例題も豊富である．

- Bertin, J.（英訳），Berg, W. J. and Scott, P. (1984): Graphics and Graphic Information Processing. Walter de Gruyter. 森田喬（訳）(1982)：視覚言語による情報の処理と伝達．地図情報センター．

Bertin のグラフィックス表現法についての解説．残念ながら邦訳は絶版．

- Krzanowski, W. J. and Marriott, F. H. C. (1994): Kendall's Library of Statistics 1. Multivariate Analysis, Part1, Distributions, Ordinations, and Inference. Arnold.

  Krzanowski, W. J. and Marriott, F. H. C. (1995) : Kendall's Library of Statistics. 2. Multivariate Analysis, Part2, Classification, Covariance, Structures and Repeated Measurements. Arnold.

記述的な統計的多変量解析全般についての教科書．Part1 は対応分析や尺度最適化をともなう主成分分析についての解説を含む．

- Pearl, J. (2000) : Causality: Models, Reasoning and Inference. Cambridge University Press.

因果推論の数理モデルについての著書．グラフィカルモデルにおいて介入をともなわない観察から影響関係が同定しうるための条件について，独創的な視点で議論をおこなっている．

- S-Plus, Matlab, Mathematica など柔軟なデータ操作とグラフィック表示をおこなえる商用のソフトウェアがパーソナルコンピュータ上で利用可能であるが，かなりの高い機能をもつフリーソフトウェアも開発されている．R は S に類似の文法を持つ，データ解析用のフリーソフトウェアである．計算機統計の研究者を中心とする国際的なグループによってサポートされており，分析手法のライブラリも急速に増加しつつある．以下のウェブサイトから入手できる．

  http://www.r-project.org/

IV

データとテキストのマイニング

山西健司

目 次

1 データマイニングとは　181
　1.1　CRM とマイニング　181
　1.2　マイニング技術の要件　183
　1.3　マイニング分野の全体図　184
2 バスケット分析　185
3 分類ルールの学習　187
　3.1　教師あり学習　187
　3.2　決定木の学習　188
　3.3　選択的サンプリングを用いた集団能動学習　193
4 嗜好学習とリコメンデーション　197
　4.1　協調フィルタリング(1)——相関係数法　198
　4.2　協調フィルタリング(2)——逐次的2項関係学習法　199
　4.3　コンテンツベースフィルタリング　202
5 外れ値検出と不正検出　202
　5.1　統計的外れ値検出　203
　5.2　外れ値検出エンジン SmartSifter　204
　5.3　SDLE アルゴリズムと SDEM アルゴリズム　206
　5.4　実験結果　211
6 データマイニングその他の話題　212
7 テキスト分類と自由記述アンケート分析　213
　7.1　テキスト分類　213
　7.2　自由記述アンケート分析　220
　7.3　トピック分析　221
8 Web マイニング　227
9 おわりに　228
付　録　229
　A.1　確率的コンプレキシティ　229
　A.2　拡張型確率的コンプレキシティ　233
参考文献　237

1 データマイニングとは

データウェアハウスやデータベースが普及して，大量の顧客データ，購買データ，ログデータ，アンケートデータ等が蓄積されるようになった．ビジネスの現場では，計算機性能の向上にともなって，このような大量データの中から，売れ筋商品の傾向を発見したり，優良顧客層を発見したり，といったことが現実に要求されるようになってきた．これを可能にするのが，データマイニング，テキストマイニングとよばれる技術である．

これらは一言でいうと，大量のデータからビジネスに有効な価値ある情報を掘り起こす(マイニング)ための技術である．このような機能は「知識発見」とよばれている．一般に，構造化された数値データを対象にする場合はデータマイニングとよばれるが，自然言語のような非構造データをも対象にする場合はテキストマイニングとよんで区別している．さらに，Web上のコンテンツ，リンク，ログ等のデータをすべてひっくるめてマイニングの対象とするWebマイニングというものも登場している．以下，まとめてマイニング技術という言い方をする．マイニング技術の本質は事例データからの構造的な知識の「学習」にある．

中でも，情報源の確率モデリングを通じて機械学習を情報理論・統計的推論の問題として論ずる情報論的学習理論(山西, 2001a; 山西, 2002a)はマイニングへのひとつの有力なアプローチである．本稿では情報論的学習理論の立場からデータとテキストのマイニングを紹介する．

1.1 CRMとマイニング

マイニング技術は，顧客に関するデータを一元的に管理し，One-to-Oneマーケティングによって顧客の満足を向上させようとするCRM(customer relationship management)の分野でとくに重要である．

CRMの文脈でどのようなマイニング技術が活かされているか，例で示そう．

[例1] POSデータからの購買分析．
購買履歴データのようなPOSデータから，どのような商品が同時に売れたかといった相関性を発見する（これをバスケット分析とよぶ）．有名な例としては，スーパーマーケットで紙おむつとビールが同時に売れるといった相関ルールの発見が挙げられる．

[例2] 顧客契約データからの解約者分析．
通信業やインターネット接続事業(internet service provider, ISP)などでは契約を解約するユーザを予測することを問題としている（これはChurn分析とよばれる）．そこでは解約者と非解約者のプロファイルデータから，それらを分類するルールを発見し，これから解約しそうなユーザを予測する．ひとたび解約者層が特定できれば，そういった顧客にダイレクトメールなどを集中的に送ることによって，解約を防ぐことができる．

[例3] 商品の購買履歴からの商品推薦．
流通業では，たとえば，書籍やCDについて，どのユーザが過去にどのような商品を買ったかという購買履歴データを集めている．そこで，このようなデータから特定のユーザの嗜好を他のユーザの情報をもとに学習し，その人が未だ購入していない商品を購入しそうかどうかを予測する．また，これにもとづいて商品推薦をおこなう．

[例4] ネットワークアクセスログからの不正検出．
過去のネットワークアクセスログを調べて，異常なアクセスログを検出し，ネットワーク不正侵入を検出する．また，銀行のトランザクションデータの中から異常な残高変動を検出する．

[例5] 自由記述アンケートからのテキストマイニング．
商品評価や苦情など，顧客から寄せられた自由記述アンケートデータから，特定商品あるいは特定顧客層に特有な意見・コメントを特徴づける言葉を抽出する．

1.2 マイニング技術の要件

人工知能の分野で，80年代後半から「機械学習(machine learning)」とよばれる，事例データから知識を発見するためのアルゴリズムと実装の研究が盛んにおこなわれてきた．マイニング技術とは，基本的にはデータベース技術と機械学習技術を融合したものであるといえる．ただし，マイニングと改めてよびなおされる背景には，マイニング技術には以下の要件が求められていることが挙げられる(山西, 2002)．

1. **スケーラビリティ**(scalability): GBからTBに及ぶ大量のデータを現実的な計算時間と計算機メモリ容量の制約のもとで処理できなければならない．
2. **有効性**(effectiveness): 発見された知識が，現実のデータの要約，あるいは未知のデータに対する予測といった面において現実に有効でなければならない．また，発見された知識が自明ではなく，興味深さ(interestingness)や意外性(unexpectedness)をもっていなければならない．
3. **可読性**(readability): 発見された知識が理解しやすいものでなければならない．

なお，マイニング技術の背景には，情報理論，統計学，計算機科学，統計物理学，ニューロサイエンス，情報論的学習理論などといった学際的な分野が広がっている．

このような背景をもとに，データマイニングのプロセスは一般に，「データ獲得 ⇒ データ選択 ⇒ 前処理 ⇒ データ変換 ⇒ マイニング ⇒ データ解釈・評価」といった流れの中でおこなわれるとされている．これはKDDプロセスとよばれている(Fayyad, 1996)．

1.3 マイニング分野の全体図

マイニングに関しては ACM に SIG-KDD(ACM Special Interest Group on Knowledge Discovery and Data Mining; SIGKDD)という世界最大の組織が生まれ，ここが主催になって 1996 年より KDD(Knowledge Discovery and Data Mining)とよばれる世界最大のデータマイニングの国際会議が毎年開催されている(SIGKDD)．ほかにも SIAM International Conference on Data Mining, IEEE International Conference on Data Mining(ICDM), Principles and Practice of Knowledge Discovery in Databases(PKDD), Pacific-Asia Conference on Knowledge Discovery and Data Mining (PAKDD), Discovery Science などといった国際会議もあり，いずれも年を追うごとに盛況になっている．

雑誌では *Data Mining and Knowledge Discovery Journal*(Kluwer)があり，本分野の最先端の技術を集めている．また，インターネット上では KDNuggets(http://www.kdnuggets.org/)において情報がまとめられている．

KDD では多くの技術要素が新しく生まれている．これらの基本技術の関係を表わしたのが図 1 である．横軸は左側から右側に移るにつれて数値データからテキストデータを対象にすることを示しており，縦軸は下から

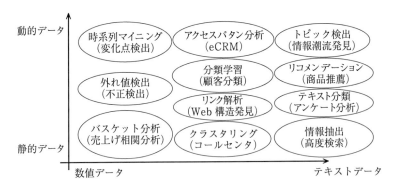

図 **1** マイニング分野の全体図

上に進むにしたがって，静的データから動的データを対象とするマイニングに向かうことを示している．

本稿ですべてを解説することはできないので，とくに基本的であると思われる，バスケット分析，分類ルールの学習，嗜好学習とリコメンデーション，外れ値検出，テキスト分類，自由記述アンケート分析，トピック分析，Web マイニングといった技術をとりあげる．

2 バスケット分析

バスケット分析は POS データのトランザクションからどの商品がいっしょに買われるかを分析するものである．これはデータマイニングの技術のなかでももっとも単純な機能であり，先端的な統計手法や機械学習アルゴリズムが出てくるまでもない．しかし，データマイニングが世の中に普及するきっかけとなった技術なので，触りだけを簡単に説明しておこう．

図 2 に説明のためにデータ数を 6 とした POS データの例を示す．これは誰がどんなアイテムを買ったかを記述したトランザクションデータである．相関ルール(association rule)(Agarwal *et al.*, 1996; Zaki, 2000)とは

$$R : X \to Y \tag{1}$$

トランザクション	商品(A, B, C, D, E)
1	ABCE
2	CDE
3	ABCE
4	ACDE
5	ABCDE
6	BCD

図 **2** トランザクションデータ

の形で表わされるルールである.これは「顧客が X を買えば Y を買う」と読む.X, Y は単一のアイテムであっても,アイテムの集合であってもよい.

ルールは,サポート σ と信頼度 p で特徴づけられる.サポート(support)とは指定されたアイテムを含むトランザクションの現われる確率である.上の場合は,X と Y が同時に含まれるトランザクションが現われる確率である.信頼度(confidence)とは,トランザクションに X が含まれる場合に,Y も含まれる条件付き確率である.図2の例に対して CE→A といったルールは,全トランザクション数が6で,C,E,A の同時出現数が4であるからサポートは 4/6 である.また,CE の出現数が5で,CE の出現のもとでの A の出現数が4であるから,信頼度は 4/5 である.

バスケット分析では,サポートと信頼度がある一定以上の値をもつルールを抽出することを考える.そのステップは以下の2つに分かれる.

(1) 頻出アイテム集合の発見

一定値以上のサポートをもつアイテム集合を抽出する.図3は図2の例に対して50%以上のサポートをもったアイテム集合を表わしている.一定値以上のサポートをもつアイテム集合を頻出アイテム集合とよぶ.この場合,他のアイテム集合の部分集合とならないアイテム集合を極大頻出アイテム集合とよぶ.図3より図2の極大頻出アイテム集合は ABCE と CDE である.ここで必要な計算時間は $O(r \cdot n \cdot 2^l)$ である.ここで r は極大頻出アイテム集合の数,n はアイテム数,l は頻出アイテム集合のうち最長のものの長さ(要素の数)である.

サポート	アイテム集合
100%(6)	C
83%(5)	E, CE
67%(4)	A, B, D, AB, AC, BC, CD, ACE
50%(3)	AB, BE, DE, ABC, ABE, BCE, CDE, ABCE

図 3 頻出アイテム集合の生成

(2) 信頼度の高いルールの発見

すべての頻出アイテム集合 Y に対して，$X \subset Y (X \neq \emptyset)$ に対して，信頼度が一定以上のルール: $X \to Y - X$ を生成する．図4はアイテム集合を $X =$ ACE としたときに6つのルールが生成できることを示している．ここで必要な計算時間は $O(f \cdot 2^l)$ である．ここに，f は頻出アイテム集合の要素数，l は前出と同じである．

$$A \to CE\ (4/4) \quad C \to AE\ (4/6) \quad E \to AC\ (4/5)$$
$$AC \to E\ (4/4) \quad AE \to C\ (4/4) \quad CE \to A\ (4/5)$$

図 4 ルール生成と信頼度

最近のバスケット分析では，上記アルゴリズムを高速化したり，出現するルールの冗長性を除いたりする研究(Zaki, 2000)が進められている．

3 分類ルールの学習

分類ルールの学習とは，属性とクラスからなる事例データから，属性とクラスの間の一般的な関係を導出する手法である．

3.1 教師あり学習

たとえば，インターネットプロバイダにおける解約者分析の例を考えよう．1つのデータが会員のプロファイルデータであるとして，属性は性別，職業，年齢，収入ランク，趣味などであり，ベクトル変数 x で表記する．クラスは会員が解約したかどうかを表わすものとし，$\{0,1\}$ に値をもつスカラー変数 y で表記する．このようなデータ(事例データとよぶ)が大量に蓄積されたときに，どのような属性条件が満たされれば，その人は解約するか？ といった x と y の間の一般的関係性を導くのがここでの問題であ

る(図5).一般的な関係性とは,データに内在する規則性をコンパクトな知識表現に置き換えたものである.このような問題はクラスといった教師情報が与えられたもとで学習するので,機械学習の分野では「**教師あり学習**」(supervised learning)とよばれている.

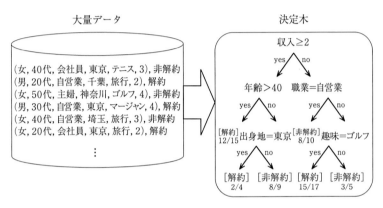

図 5　決定木の学習

このような関係性の表現としては決定木,決定リスト,回帰式,ニューラルネットワーク,サポートベクトルマシン等がある.なかでも,高い可読性を実現するのが**決定木**(decision tree)である.

決定木は図5のように親ノードから子ノードへたどって,属性条件を調べることにより,最終的にクラスを判定する判別ルールである.ここで,ノードとは属性条件によって指定された節のことを指す.本稿では各ノードは1つの属性についてのみ条件を指定している場合を考える.ひとたび決定木が生成されると,新しいユーザに対してもこの木を用いて解約する可能性を予測することができる.そのためには未知データに対して高い分類予測精度をもつような決定木を事例データから学習しなければならない.

3.2　決定木の学習

決定木を生成する学習アルゴリズムの研究は機械学習のなかでももっ

とも盛んな研究のひとつである．よく知られたところでは，Breiman et al.(1984)によるCARTやQuinlan(1993)によるID3, C4.5, C5.0がある．ここではそれらで用いられている決定木生成方式に共通する方法を述べよう．本節では，簡単のため，クラスのとりうる値は2つ(0と1)とする．これは容易に多値に拡張できるものである．

通常，決定木学習のプロセスは，データを増やすことに対する木の成長(growing)と，いったん最後まで成長させた木の刈り込み(pruning)とに分けられる．

成長では，情報利得を最大化するようにノードを選んでいく(図6)．解約者のデータを1，非解約者のデータを0で表わし，事例データのクラスを並べて得られる2元系列を D として表わす．それがノードの条件を満たすデータ列とそうでないデータ列に分割されたとして，それぞれ，D^+，D^- とする．そこで，一般の2元系列を x で表わすとし，$I(x)$ を後述するような x のもつコンプレキシティ(complexity)として，ノードが与えられたときの分割による**情報利得**(information gain)を

$$\frac{1}{m}[I(D) - \{I(D^+) + I(D^-)\}] \qquad (2)$$

として計算する．m は D の長さを表わす．上記の値がもっとも大きくなるような属性条件をノードとして選ぶ．これは $I(D)$ はノードによらないから $I(D^+) + I(D^-)$ を最小化するノードを選ぶことと等価である．ここで，

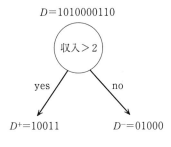

情報利得 $I(D) - (I(D^+) + I(D^-))$

図 6 決定木の成長

$I(x)$ は1と0が半分ずつ混じっているときに最大値をとり，すべて1，またはすべて0の系列に対しては最小値をとる性質をもつような量であるとする．たとえば，エントロピー関数 $H(z) = -z \log_2 z - (1-z) \log_2 (1-z)$ を用いて

$$I(x) = mH\left(\frac{m_1}{m}\right)$$

のように計算する場合がある．ここに，m は系列 x の長さ，m_1 は x 中での1の出現数である．また，**確率的コンプレキシティ**(stochastic complexity; Rissanan, 1996; 詳細は付録 A.1 参照)とよばれる量を用いて

$$I(x) = mH\left(\frac{m_1}{m}\right) + \frac{1}{2}\log_2\left(\frac{m\pi}{2}\right) \quad (3)$$

と計算する場合や，**拡張型確率的コンプレキシティ**(Yamanishi, 1998)を用いて計算する場合がある(付録 A.2 参照)．確率的コンプレキシティはデータ列を符号化するのに必要な符号長として情報理論的に正確に定義された量であり，(3)をデータ数で割った値はデータ数 m が無限大においてエントロピーに一致する．有限長のデータ列に対しては，エントロピーよりも的確に系列の複雑さを捉えているといえる．

このような成長は，あらかじめしきい値を設定して，情報利得がしきい値以下になるまで繰り返す．

刈り込みでは，全体として情報量規準に関して最適になるようにノードを刈り込んでいく．ここで，**情報量規準**とは，統計的モデルとしての決定木の最適な構造を決定するための規準である．たとえば，AIC(Akaike's information criteria)(Akaike, 1974)や MDL(minimum description length)規準(Rissanen, 1978)などがよく用いられる．たとえば，**MDL 規準**では決定木 T を用いたときの全データ列 D の記述長を，式(3)のコンプレキシティを用いて

$$I(D:T) = \sum_t I(D_t) + L(T)$$
$$= \sum_t \left\{ m_t H\left(\frac{m_{1t}}{m_t}\right) + \frac{1}{2}\log_2\left(\frac{m_t \pi}{2}\right) \right\} + L(T) \quad (4)$$

で計算し，これを最小化する決定木 T を最適とみなす．ここに t は決定

木の末端(リーフ)を示し，D_t はリーフ t にたどり着いたデータ列(クラスに関する 2 元系列)であるとする．また，m_t は D_t に含まれるデータ数，m_{1t} はその中に含まれる 1 の数である．$L(T)$ は T を符号化するのに必要な最短ビット数である．たとえば，$L(t)$ は以下のように計算することができる(Rissanen, 1997)．いま，内部ノードはリーフ以外のノードのことであるとし，与えられた決定木 T に対して以下の記号を準備する．以後，本節では対数の底はすべて 2 であるとする．

- $N_0(T)$: T の内部ノードの数
- $N_1(T)$: T のリーフの数
- $P_1 = \dfrac{N_0(T)}{N_0(T) + N_1(T)}$
- $P_0 = 1 - P_1$
- $l(u)$: 内部ノード u の条件の符号化に要する符号長

そこで T の符号長を次式で計算する．

$$L(T) = -N_1(T) \log P_1 - N_0(T) \log P_0 + \sum_u l(u)$$

(注意) 正確には，$P(T) = 2^{-L(T)} / \sum_T 2^{-L(T)}$ として $-\log P(T) = L(T) + \log \sum_T 2^{-L(T)}$ を T の符号長とするが，第 2 項は T に依存しないため，上で定めた $L(T)$ で符号長を代用する．ここに $\sum_T$ の和の範囲は，可能な刈り込みによる木全体に渡るとする．式(4)の値をデータ列 D の決定木 T に対する確率的コンプレキシティとよぶ．

式(4)の右辺の第 1 項は決定木が与えられたもとで，データを符号化するのに必要な符号長であり(付録参照)，一般に，この量を小さくしようとすると T が複雑になって，$L(T)$ は大きくなるので第 2 項とトレードオフの関係にある．MDL 規準では，そのようなトレードオフのもとで最適な決定木が選ばれる．このような決定木の選択によって，未知のデータに対する分類予測誤差を小さく抑えることができる．このことは，決定木に限らない一般的なモデル選択の問題として情報理論的な側面から証明されている(Barron and Cover, 1991; Yamanishi, 1992)．

成長の結果，得られた決定木から式(4)の最小値を達成する決定木を求めるのに，全解探索をおこなおうとすると刈り込み前の決定木のノード数に関して指数オーダの時間を要する．Rissanen(1997)ではダイナミックプログラミングの考え方を利用して，効率よく刈り込みをおこなう方法が提案されている．これを以下に示そう．

アルゴリズム: MDL 原理にもとづく最適刈り込み（Rissanen, 1997）

初期化: $T = T_0$（もとの決定木）とおき，T の各リーフ u に以下の量 $L(u)$ を対応させる．
$$L(u) = -\log P_0 + I(u)$$
ここに $I(u)$ は次式で計算される．
$$I(u) = m(u)H\left(\frac{m_1(u)}{m(u)}\right) + \frac{k}{2}\log\left(\frac{m(u)\pi}{2}\right)$$

$m(u)$: 決定木の条件をルートからたどって u にたどり着いたデータの数

$m_1(u)$: 決定木の条件をルートからたどって u に着き，かつクラスが 1 であるデータの数

プロシージャ: u をリーフから始めてボトムアップに以下を再帰的に繰り返す．

1. $m_1(u) = \sum_v m_1(u*v)$（ここに $u*v$ はノード u に直接つながる子ノードを表わす．）
2. $L(u) = \min\{-\log P_0 + I(u), -\log P_1 + l(u) + \sum_v L(u*v)\}$
3. $-\log P_0 + I(u) < -\log P_1 + l(u) + \sum_v L(u*v)$ ならば T から，u につながる子ノードを刈り取って，これを新たな T とする．そうでなければ T を変更しない．

出力: u がルートになった時点で停止し，T を出力する．

上記アルゴリズムにおいて最終出力 T は確率的コンプレキシティ(4)の最小値を達成していることが容易に確かめられる．

3.3 選択的サンプリングを用いた集団能動学習

決定木の学習で重要なのはスケーラビリティの問題である．C4.5, C5.0 などの標準アルゴリズムを用いた場合は，m をデータ数として，$O(m \log m)$ の計算量を必要とする．したがって，データ数が大量であるときは膨大な時間がかかってしまう．実際には m が百万件規模のときにはもはやメモリに載らなくなることさえある．そこで，決定木の学習においてスケーラビリティを獲得するための方法として近年，「**選択的サンプリング**」とよばれる手法が提案されている(Abe and Mamitsuka, 1998)．これはすべてのデータを学習に用いるのではなく，選択的にデータをサンプリングし，メモリに載せて学習をおこなうというものである．

たとえば，Abe and Mamitsuka(1998)は，すでに選ばれたデータを複数回リサンプリングして，そこで得られたデータセットから複数の決定木を生成し，これらを用いてクラスを予測したときの予測値がもっとも確定しないようなデータを選択的にサンプリングする方法を提案している(図7)．この方法ではリサンプリングの繰り返しに計算時間がかかるものの，それはたかだかサンプル数 m の線形オーダであり，$O(m \log m)$ の計算時間がかかる決定木生成部分においてサンプル数を劇的に減らしているので，トータルとして高い効率性とスケーラビリティを実現する．しかも，分類予測精度は全データを用いた場合とほとんど変わらないといった有効性を実現している．

選択的サンプリングの背景にある理論は，**Query-by-Committee**(Seung et al., 1992)または「**集団能動学習**」(ensemble active learning)とよばれる考え方である．これは集団学習と能動学習という考え方の2つを組み合わせたものである．**集団学習**(ensemble learning)とは，与えられたデータを用いて複数の判別ルール(決定木など)を生成し，それらを組み合わせることで単一の判別ルールを学習した場合よりも予測性能をあげようとす

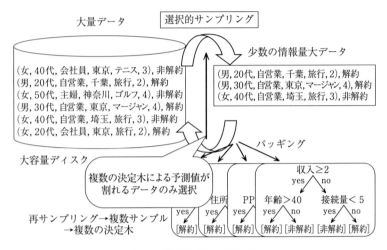

図 7　選択的サンプリング

るメカニズムである．能動学習(active learning)とは，学習者がデータを自ら選択することにより，学習に必要なデータ数や計算量を削減しようとするためのメカニズムである．そこで，集団能動学習では，集団学習により複数仮説で予測した結果，これらの予測がもっとも割れたデータを情報量の大きなデータとみなし，これを新しく学習のために必要なデータとして採取するような能動学習をおこなう．

　ここで，集団学習するときに複数の仮説をいかにして生成したらよいか？が重要な問題になる．その典型的な方法にバッギング(bagging)とブースティング(boosting)といった手法がある．いずれも与えられたデータを複数回リサンプリングしてデータを複数個作りなおし，それらから仮説を生成する方法である．バッギングではリサンプリングを毎回完全にランダムにおこなうのに対し，ブースティングでは回を重ねるごとに各データの重みを更新しながら重み付きのランダムサンプリングをおこなう．

　そこで，Abe and Mamitsuka (1998) により考案されたバッギングにもとづく集団学習方式である **Query-by-Bagging**(以下，簡単に Qbag と書く)のアルゴリズムを以下に示す．ただし，本節では，クラスは 0 と 1 の 2 値のみをとるとする．

アルゴリズム: **Query-by-Bagging (Qbag)**(Abe and Mamitsuka, 1998)

記号: 試行回数 M,決定木学習アルゴリズム A,各試行でのリサンプリング回数 T,質問候補点数 R,選択点数 D,属性ベクトル集合 X,クラス集合 $Y = \{0,1\}$(属性ベクトルは $x \in X$,クラスは $y \in Y$ で表わす.s は正整数),i 場面の試行での質問候補点集合 C_i,i 場面の試行での選択点集合 S_i.

M, A, T, R, D, X, Y とデータ集合 $\{(x,y) : x \in X,\ y \in Y\}$ が与えられているとする.

初期化: 初期サンプル $S_1 = \{(x_1, y_1), \cdots, (x_D, y_D)\}$ をランダムに選択する.

プロシージャ:
For $i = 1, \cdots, M$
 1. For $j = 1, \cdots, T$
  (A) S_i から一様分布でリサンプリングをおこない,S_i と同じサイズのサブサンプル S'_j を得る(注意1)
  (B) S'_j をそれぞれ入力としてアルゴリズム A を実行し,決定木 h_j を得る(注意2)
 2. R 個からなる C_i を選択する.
 3. すべての $x \in C_i$ に対し,決定木 $h_1, \cdots, h_T$ を使って以下のマージン $m(x)$ を計算する.
$$m(x) = \max_1(x) - \max_2(x)$$
ここに,$\max_1(x) = h_j(x)$ が j に関してもっとも多く一致するときの j の個数,$y_{\max} = h_j(x)$ が j に関してもっとも多く一致するときの $h_j(x) = y$ の値,$\max_2(x) = h_j(x)$ が $y = y_{\max}$ を除いて j に関してもっとも多く一致するときの j の個数(注意3).

4. C_i から $m(\boldsymbol{x})$ がもっとも大きな値を与える $\boldsymbol{x}$ をもつ点集合から D 個を選択し $S^* = \{(\boldsymbol{x}_1^*, y_1^*), \cdots, (\boldsymbol{x}_D^*, y_D^*)\}$ とし,学習データを $S_{i+1} = S_i \cup S^*$ のように更新する.

予測: M ラウンドの決定木群を $h_j(\boldsymbol{x})$ $(j = 1, \cdots, T)$ とするとき,与えられた $\boldsymbol{x}$ に対して,これらに対する y の値のうちもっとも多く一致したものを予測して出力する.

$$y = \arg\max_{y} |\{j = 1, \cdots, T : h_j(\boldsymbol{x}) = y\}|$$

(注意 1) S_j' は S_i からリサンプリングされたものであるから,一部の要素は重複して抽出され,一部の要素はまったく抽出されない場合もある.

(注意 2) 決定木は属性ベクトル $\boldsymbol{x}$ からクラス y への関数とみなす.

(注意 3) $m(\boldsymbol{x})$ はもっとも多くの決定木によって判定されたクラスに対して,この判定をおこなった決定木の数と,それ以外のクラスに対して,この判定をおこなった決定木の数の差として与えられる.

集団能動学習では,最終的に複数の仮説が生成されるが,最終的な予測方法は,複数の仮説を用いた予測結果の多数決により与えられる.

Abe and Mamitsuka(1998)によれば,上記 Qbag と古典的決定木生成アルゴリズムである C4.5(Quinlan, 1993)を比較したところ,学習性能に関して圧倒的な差が認められている.図 8 は,実際の ISP の会員データ 80 万件に対して,Qbag と C4.5 を用いて解約者分析をおこなったときの適合率(precision)の比較を表わしている.ここで Qbag に要したデータ数は選択的サンプリングで選択されたサンプル数を表わしている.適合率とは予測した解約者が実際に解約する割合である.ここで,データの各レコードには,会員の性別・年齢・職業といったデモグラフィックデータ,および電子メール送受信量,コンテンツアクセス量などの長・短期間のトラフィックデータが含まれていた.数値は 5-fold-crossvalidation によって評価している.すなわち,データを 5 等分割して,4 つを学習データに用いて Qbag を実行し,残りの 1 つに対して予測した結果を,各テストデータを変えて

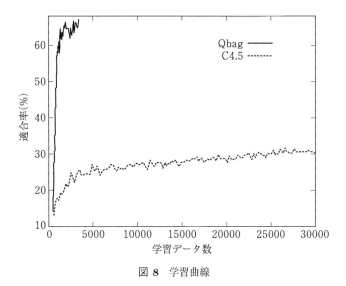

図 8　学習曲線

おこない，それらの結果の平均を最終結果としている．

図から，C4.5 単体では，数万件のデータを用いても適合率がたかだか 30% 未満であるのに対し，Qbag では数千件のデータから 65% 程度の適合率に達しており，大幅な分類精度改善を達成していることがわかる．

4　嗜好学習とリコメンデーション

複数のユーザの商品購買履歴データから，ある特定のユーザの嗜好を推定することを考える．たとえば，図 9 のように，縦軸にユーザを，横軸に CD のアーティスト名を並べたとき，表の中にはどのユーザがどの CD を買って，どれだけ気に入ったか？ という数字が与えられている．数字が高いほど満足度合が高いとする．このような表は与えられたデータが少ないときには埋まっている部分は少ない．そこで，埋まっていない部分（たとえば，梅子はユニット F の CD を気に入るかどうか？）を予測し，これにも

とづいて商品推薦をおこなうのが嗜好学習によるリコメンデーションである．これは Web 上のパーソナライゼーションや One-to-One マーケティングにとって重要な技術である．

4.1 協調フィルタリング(1)——相関係数法

ここでは，特定のユーザの嗜好を推定するのに他人のデータを用いて嗜好パタンを推定する方式を考える．これは協調フィルタリング（collaborative filtering）(Resnick et al., 1994) とよばれている．

	歌手A	歌手B	バンドC	バンドD	ユニットE	ユニットF	
太郎	5	1	2	4		5	C_{41}
花子	5	3	1		5	4	C_{42}
一郎	1		4	1	5	2	C_{43}
梅子	5	1	1	5	1	?	
五郎		4		2	5	1	C_{45}

図 9　相関係数法

協調フィルタリングの方法の代表的手法として**相関係数法**(Resnick et al., 1994) とよばれるものが挙げられる．これは図 9 の横軸の相関性にもとづくものである．すなわち，梅子の嗜好を他人の嗜好の線形和で予測し，その線形結合の重みとしてユーザ間の相関係数を用いる．たとえば，太郎と梅子の嗜好パタンが似ていれば，太郎の嗜好を強く反映させながら梅子の嗜好を予測する．

数学的には i 番目の人の x という商品に対する嗜好の度合 O_{ix} は次式で計算される．

$$O_{ix} = O_i + \frac{\sum_j C_{ij}(O_{jx} - O_j)}{\sum_j |C_{ij}|}$$

ここに，すべての和は欠損値以外でとられるとし，O_i は O_{ix} の x に関する平均，C_{ij} は i 行 j 行の相関係数を表わし，以下で計算される．

$$C_{ij} = \frac{\sum_x (O_{ix} - O_i)(O_{jx} - O_j)}{\{\sum_x (O_{ix} - O_i)^2 \sum_x (O_{jx} - O_j)^2\}^{1/2}}$$

4.2 協調フィルタリング(2)——逐次的2項関係学習法

近年では，相関係数法に代わるさまざまな協調フィルタリングの方法が生まれている．たとえば，Nakamura と Abe(1998)により**逐次的2項関係学習法**とよばれるものが提案されている．そこでは，ユーザ間の相関だけでなく，商品間の相関性も考慮した2項関係を逐次的に学習する手法を取り入れて，相関係数法を遥かに凌駕する嗜好予測性能を達成している．これを以下に紹介する．

行列 $O = (O_{ij})$ は行がユーザを列がアイテムを表わす行列として，その (i,j) 要素は i 番目のユーザが j 番目のアイテムに対する嗜好の強さの観測値(ユーザに答えてもらう値)を表わすとする．未観測の要素については $O_{ij} = *$ と書くとする．

ここで，つぎのような逐次的な嗜好予測のプロセスを考える．時間 $t = 1, 2, \cdots$ とともに 1 つずつ $O_{ij} = *$ の要素が観測されてうまっていく．t 時刻において観測値行列 O が与えられたとき，逐次的嗜好予測アルゴリズムは $O_{ij} = *$ である (i,j) 要素の値を推定する．推定値 M_{ij} を (i,j) 要素とする行列を $M = (M_{ij})$ と書く．

予測値は真の嗜好度合に完全に一致しなくても，ある誤差範囲にあれば正しいとみなされるとする．いま，A を M の要素のとりうる離散値の範囲であるとして，真の値が $a \in A$ であるときに，予測値が正しいとみなされる予測値の範囲を $V(a)$ と書く．以下では $V(a) = \{x \in A : a - \tau \leq x \leq a + \tau\}$($\tau$

は与えられた正定数)とする.

以下では Nakamura と Abe(1998)による逐次型 2 項関係学習法による嗜好予測アルゴリズム(これを **Cross-G-Learn-Relation** と書く)を紹介する. これは以下のように作動する. いま, $w_{ii'}$ を行 i から i' への重み, $v_{jj'}$ を列 j から j' への重みとするとき, $w_{ii'}$ は行 i と i' の類似度合を, $v_{jj'}$ は列 j と j' の類似度合を表わすとする. Cross-G-Learn-Relation はそれぞれの重みを各時刻 t について更新していく. $0 < \gamma < 2$ として, 観測データを正しく予測するのに寄与している行の重みを $2-\gamma$ 倍し, 誤って予測するのに寄与している行の重みを γ 倍する. 列の重みに関しても同様である. そして観測されていない $O_{ij} = *$ となる各 i, j に対して, 推定値 M_{ij} を, これまでの観測値 $O_{i'j}$ が $V(a)$ 内に入るような行 i' からの重み $w_{ii'}$ と, O_{ij} が $V(a)$ 内に入るような列 j' からの重み $v_{jj'}$ の和が最大になるような値 a を求めて, これを予測値として出力する. 以下に Cross-G-Learn-Relation を記す. ここに C_0 は標準値であるとする.

アルゴリズム: **Cross-G-Learn-Relation**(Nakamura and Abe, 1998)

初期化: $w_{ii'} = v_{jj'} := 1$
入力: $O = \{O_{ij}\}$ 観測値行列
予測:

$$M_{ij} = \begin{cases} \arg\max_{a \in A} \left(\sum_{\{i' : O_{i'j} \in V(a)\}} w_{ii'} + \sum_{\{j' : O_{ij'} \in V(a)\}} v_{jj'} \right) \\ \qquad \text{If} \quad \{i' : O_{i'j} \neq *\} \cup \{j' : O_{ij'} \neq *\} \neq \emptyset \\ C_0 \qquad \text{otherwise} \end{cases}$$

重み更新則:
For all $i' (\neq i)$ s.t. $O_{i'j} \neq *$

$$w_{ii'} := \begin{cases} (2-\gamma)w_{ii'} & \text{if} \quad O_{i'j} \in V(M_{ij}) \\ \gamma w_{ii'} & \text{otherwise} \end{cases}$$

For all $j'(\neq j)$ s.t. $O_{ij'} \neq *$

$$v_{jj'} := \begin{cases} (2-\gamma)v_{jj'} & \text{if} \quad O_{ij'} \in V(M_{ij}) \\ \gamma v_{jj'} & \text{otherwise} \end{cases}$$

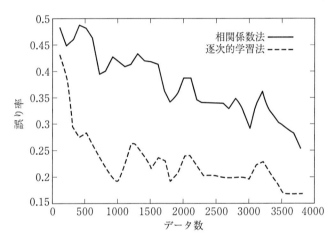

図 10 相関係数法と逐次的 2 項関係学習法

特許のクリッピングサービスデータに逐次的 2 項関係学習法と相関係数法を適用した際の予測誤り率に関する実験結果を図 10 に示す．ユーザ数は77 名，特許数は 2558 であった．縦軸は嗜好予測誤り率を，横軸は逐次的に与えられたデータ数を表わす．データ数が 500 を超えたあたりで，逐次的 2 項関係学習法が相関係数法よりも予測誤り率を半分以下に減らせていることがわかる．

4.3 コンテンツベースフィルタリング

協調フィルタリングの特徴は，顧客の購買履歴データのみを用いている点である．つまり，嗜好予測に商品に関するコンテンツの情報は必要としない．一方で，コンテンツ情報を用いて嗜好学習をおこなう方法もある．これをコンテンツベースフィルタリングとよぶ．コンテンツベースフィルタリングでは，協調フィルタリングのように他人のデータは利用しない．基本的には，購買商品のコンテンツと嗜好度合の関係の事例データから教師あり学習をおこない，そこで学習されたルールをもとに，未購買の新しい商品に対する嗜好の度合を予測する．協調フィルタリングでは誰も買っていない商品は推薦することができないが，コンテンツベースフィルタリングではコンテンツがわかっていれば推薦できるという利点がある．コンテンツベースフィルタリングは 7 章で論ずるテキスト分類の手法と関連が深い．ここでは詳細は省略する．

また，協調フィルタリングとコンテンツベースフィルタリングを結合するさまざまな方法も提案されている．

5 外れ値検出と不正検出

通常，データマイニングでは，データの全体的な傾向を把握することがおもに研究されている．しかしながら，全体的な傾向から逸れた外れ値を検出することも重要なデータマイニングのテーマのひとつである．なぜなら，異常値のなかには単純にノイズといえるものばかりでなく，異常行動につながるデータや，新しいトレンドを示す重要なデータが含まれているからである．このような異常値を検出する技術を「**外れ値検出**」とよんでいる．

5.1 統計的外れ値検出

外れ値検出の応用分野のひとつに**不正検出**(fraud detection)がある．応用対象としては，たとえば以下が挙げられる．

- ネットワークの不正侵入検出
- 携帯電話の成りすまし利用の検出
- クレジットカードの不正利用の検出
- 医療や保険業界における不正請求検出

不正検出はデータマイニングの重要な応用のひとつである．従来の研究の多くは教師あり学習の枠組みで捉えられることが多かった(たとえば，Bonchi *et al.*, 1999; Fawcett and Provost, 1999; Lee *et al.*, 1999; Rosset *et al.*, 1999)．すなわち，不正データとそうでないデータをあらかじめ用意して，そこから不正データのパタンをみつける手法が適用されてきた．しかしながら，不正データそのものが現実に提供されることが少ないという問題を抱えていた．そこで，外れ値検出の考え方を適用することで，教師なし学習の枠組みで不正検出をおこなうことができる．

統計学では，純粋に統計的外れ値の問題が論じられてきたが(Barnett and Lewis, 1994 ; Rocke, 1996)，多次元データに対しては計算時間がかかりすぎる，オンラインで処理できない，スケーラビリティがない等の問題があった．データマイニング分野で近年になって，スケーラビリティをもった外れ値検出アルゴリズムが提案されてきた(Burge and Shawe-Taylor, 1997; Knorr and Ng, 1998; Murrad and Pinkas, 1999; Yamanishi *et al.*, 2000)．

本章では，とくに Yamanishi *et al.*(2000)により提案されている統計的外れ値検出エンジン **SmartSifter** について紹介する．これはデータを入力するごとに，データのスコアを計算し，スコアの値が高いほど，その外れ値度合が高いとみなす．一定数のデータに対してスコアリングをおこなったならば，スコアの降順にこれをソートし，上位のデータを調査すれば，高い確率で不正データを検出することができると期待できる．

5.2 外れ値検出エンジン SmartSifter

SmartSifter の原理は以下の通りである(図 11, 12).

(1) ユーザのパタンを統計的モデルを用いて表現する.統計的モデルとしては以下のような階層的モデルを考える.各データは,x は離散値変数ベクトル,y は連続値変数ベクトルとして (x, y) で書く.また,(x, y) の同時確率分布を $p(x, y) = p(x)p(y|x)$ の形で分解したとき,$p(x)$ は有限個のセルからなる**ヒストグラム型の離散確率分布**(probability mass function)で表わされるものとし,x に対する y の条件付き確率密度関数 $p(y|x)$ は,各セルに対し,そこにはいった x に対しては,x によらずにセルのみによって決まる次式のガウス混合分布で表わされるものとする:

$$p(y|x) = \sum_{i=1}^{k} c_i p(y|\boldsymbol{\mu}_i \Lambda_i)$$

ここで,k は成分の個数,c_i は $\sum_{i=1}^{k} c_i = 1$ なる正数,$p(y|\boldsymbol{\mu}_i \Lambda_i)$ は平均が $\boldsymbol{\mu}_i$,分散共分散行列が Λ_i であるガウス分布を表わす.すなわち,

$$p(y|\boldsymbol{\mu}_i, \Lambda_i) = \frac{1}{(2\pi)^{d/2}|\Lambda_i|^{1/2}} \exp\left(-\frac{(y - \boldsymbol{\mu}_i)^{\mathrm{T}} \Lambda_i^{-1} (y_i - \boldsymbol{\mu}_i)}{2}\right)$$

ここに d は y の次元を表わし,$|\Lambda_i|$ は Λ_i の行列式を表わし,T は転置を

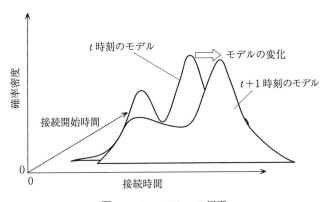

図 11　SmartSifter の原理

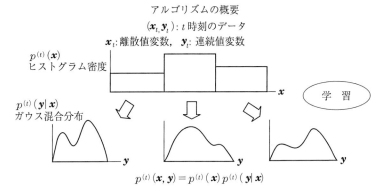

図 **12** SmartSifter のアルゴリズムの概要

表わす.

（2）データを取り込むごとに上記統計的モデルのパラメータをオンライン忘却型アルゴリズムによって学習する．これは過去のデータほどその効果を徐々に少なくすることによって，データのパタンの変化に適応するというものである．

具体的には，$(\boldsymbol{x}_1,\boldsymbol{y}_1),(\boldsymbol{x}_2,\boldsymbol{y}_2),\cdots$ の順にオンラインでデータが与えられるとせよ．t 時刻目において，データ $(\boldsymbol{x}_t,\boldsymbol{y}_t)$ が与えられると，離散値データ $\boldsymbol{x}_t$ が属するヒストグラム中のセルを同定し，**SDLE**(sequential discounting Laplace estimation)アルゴリズムを用いて $\boldsymbol{x}$ のヒストグラム型の離散確率分布を推定し，これを $p^{(t)}(\boldsymbol{x})$ とする．また，そのセルについて，$\boldsymbol{y}$ のガウス混合分布を **SDEM**(sequential discounting expectation and maximization)アルゴリズムを用いて推定し，これを $p^{(t)}(\boldsymbol{y}|\boldsymbol{x})$ とする．他のセルについては $p^{(t)}(\boldsymbol{y}|\boldsymbol{x})=p^{(t-1)}(\boldsymbol{y}|\boldsymbol{x})$ とする．ここで，SDLE および SDEM アルゴリズムはそれぞれ，ラプラス推定方式およびインクリメンタル EM アルゴリズムをオンライン忘却型に改良したものである．詳細は次節で説明する．

（3）学習前後の統計的モデルの変化を統計的距離で計算し，その値をスコアとする．すなわち，統計的モデルをより大きく動かすようなデータほど外れ値度合が大きいとみなされる．より具体的には，$p^{(t)}(\boldsymbol{x},\boldsymbol{y})=p^{(t)}(\boldsymbol{x})p^{(t)}(\boldsymbol{y}|\boldsymbol{x})$ として，時刻 t のデータに対するヘリンガースコアを

$$S_{\mathrm{H}}(\boldsymbol{x}_t,\boldsymbol{y}_t) = \sum_{\boldsymbol{x}} \int \left[\{p^{(t)}(\boldsymbol{x},\boldsymbol{y})\}^{1/2} - \{p^{(t-1)}(\boldsymbol{x},\boldsymbol{y})\}^{1/2} \right]^2 d\boldsymbol{y}$$

で計算する．また別のタイプのスコアとして，**対数損失**を

$$S_{\mathrm{L}}(\boldsymbol{x}_t,\boldsymbol{y}_t) = -\log p^{(t-1)}(\boldsymbol{x}_t,\boldsymbol{y}_t)$$

で計算する．対数損失はデータ $(\boldsymbol{x}_t,\boldsymbol{y}_t)$ の確率分布 $p^{(t-1)}$ に対するシャノン情報量に相当する（付録 A.1 参照）．本章では対数は自然対数とする．

5.3 SDLE アルゴリズムと SDEM アルゴリズム

離散値変数の属性ベクトル空間を X とし，$\boldsymbol{x}$ は X 上のベクトルとして，これらをいくつかにまとめた X 上のセル集合 $A_1,\cdots,A_M$ が与えられているとする．このようなセル集合はなんらかのクラスタリング手法によって得られているものと仮定する．クラスタリング手法についてはここでは触れない．ここでセル集合は，$X = \bigcup_i A_i$，$A_i \cap A_j = \emptyset\,(i \neq j)$ を満たすとする．いま，各セル上では一定の確率値をとるような X 上の確率分布を考える．このような確率分布を学習するアルゴリズムとして **SDLE** アルゴリズム (Yamanishi et al., 2000) を以下に紹介する．

各セル上の確率値を $(T_i+\beta)/(T+M\beta)$（T,T_i はそれぞれ全データ数，i 番目のセルに入ったデータ数，β は正の定数）として推定する方式を一般に**ラプラス推定方式**(Krichevskii and Trofimov, 1981) とよぶが，SDLE アルゴリズムはラプラス推定方式をデータ入力ごとにオンラインで実現し，かつ，過去のデータによる効果を徐々に減らしていく忘却機能をもたせたアルゴリズムである．具体的には，T_i を計算するのに，$0<r<1$ を忘却パラメータとして，過去の統計量を $(1-r)$ 倍して，新しい統計量を加えていくという方式をとる．以下に SDLE アルゴリズムを示す．

アルゴリズム: **SDLE**(Yamanishi *et al.*, 2000)

排反なセル集合: $A_1, \cdots, A_M$
初期化: $T_i^{(0)} = 0 \quad (0 < r < 1,\ \beta > 0 : \text{given})$
Repeat:
入力: $\boldsymbol{x}_t$
　For i 番目のセル　$(i = 1, \cdots, M)$
　　$T_i^{(t)} = (1-r)T_i^{(t-1)} + \delta_i(\boldsymbol{x}_t)$　（各セルにおける統計量を計算）

$$\delta_i(\boldsymbol{x}_t) = \begin{cases} 1 & \text{if} \quad \boldsymbol{x}_t \in i\ \text{番目のセル} \\ 0 & \text{otherwise} \end{cases}$$

$$q_i(\boldsymbol{x}) = \frac{T_i^{(t)} + \beta}{\sum_{k=1}^{t}(1-r)^{t-k} + M\beta} \quad \text{（ラプラス推定）}$$

$p(\boldsymbol{x}) = \dfrac{q_i(\boldsymbol{x})}{|A_i|}$　（1シンボルあたりの確率計算）
$t := t+1$

SDLEアルゴリズムで $r=0$ とおいた場合，通常のラプラス推定方式をオンライン的に実現したものに一致する．

連続値変数の空間を Y とし，$\boldsymbol{y}$ は Y 上の連続値変数ベクトルとして，$\boldsymbol{x}$ が与えられたときの $\boldsymbol{y}$ の条件付き確率分布の確率密度関数を $p(\boldsymbol{y}|\boldsymbol{x})$ と表わすとき，前節の仮定から，これは X の同一セル上の $\boldsymbol{x}$ に対しては $\boldsymbol{x}$ によらず同一のガウス混合分布

$$p(\boldsymbol{y}|\boldsymbol{\theta}) = \sum_{i=1}^{k} c_i p(\boldsymbol{y}|\boldsymbol{\mu}_i, \Lambda_i)$$

をとるものとする．ここに，k はガウス分布の成分の個数，$p(\boldsymbol{y}|\boldsymbol{\mu}_i, \Lambda_i)$ は平均が $\boldsymbol{\mu}_i$，分散共分散行列が Λ_i のガウス分布を表わし，$\boldsymbol{\theta}$ はパラメータベクトル

$$\boldsymbol{\theta} = (c_1, \boldsymbol{\mu}_1, \Lambda_1, \cdots, c_k, \boldsymbol{\mu}_k, \Lambda_k)$$

を表わす.いま,$\boldsymbol{\theta}$ を最尤推定によって推定するためのアルゴリズムとして,EM アルゴリズムが知られている(Dempster et al., 1977).ここで,最尤推定とは,$\sum_{j=1}^{t} \log p(\boldsymbol{y}_j|\boldsymbol{\theta})$ を最大化する $\boldsymbol{\theta}$ を求めることである.以下に EM アルゴリズムをデータ入力ごとにオンラインで実現し,かつ,過去のデータによる効果を徐々に減らしていく忘却機能をもたせたアルゴリズムとして SDEM アルゴリズムを紹介する.

SDEM アルゴリズムを示す前に,そのベースとなったインクリメンタル EM アルゴリズムをガウス混合分布に限ったかたちで,Neal と Hinton (1993)にしたがって紹介しよう.

いま,s を反復回数を示すインデックスとして,十分統計量 $\boldsymbol{S}_i^{(s)}(i=1,\cdots,k)$ を

$$\boldsymbol{S}_i^{(s)} = (c_i^{(s)}, \bar{\boldsymbol{\mu}}_i^{(s)}, \bar{\Lambda}_i^{(s)})$$
$$= \frac{1}{t}\Big(\sum_{u=1}^{t}\gamma_i^{(s)}(u),\ \sum_{u=1}^{t}\gamma_i^{(s)}(u)\cdot\boldsymbol{y}_u,\ \sum_{u=1}^{t}\gamma_i^{(s)}(u)\cdot\boldsymbol{y}_u\boldsymbol{y}_u^{\mathrm{T}}\Big) \quad (5)$$

で計算する.ここに

$$\gamma_i^{(s)}(u) = \frac{c_i^{(s-1)}p(\boldsymbol{y}_u|\boldsymbol{\mu}_i^{(s-1)}, \Lambda_i^{(s-1)})}{\sum_{i=1}^{k}c_i^{(s-1)}p(\boldsymbol{y}_u|\boldsymbol{\mu}_i^{(s-1)}, \Lambda_i^{(s-1)})}$$

また,$\boldsymbol{y}_v$ に対して統計量 $\boldsymbol{S}_i^{(s)}(v)\,(i=1,\cdots,k)$ を以下のように定義する.

$$\boldsymbol{S}_i^{(s)}(v) = (1/t)(\gamma_i^{(s)}(v),\ \gamma_i^{(s)}(v)\cdot\boldsymbol{y}_v,\ \gamma_i^{(s)}(v)\cdot\boldsymbol{y}_v\boldsymbol{y}_v^{\mathrm{T}})$$

ガウス混合分布に対するインクリメンタル EM アルゴリズムは以下の E-step と M-step からなる(Neal and Hinton, 1993).

E-step: データ系列 $\boldsymbol{y}^t = \boldsymbol{y}_1,\cdots,\boldsymbol{y}_t$ から1つのデータ $\boldsymbol{y}_u$ を任意に選ぶ.$\boldsymbol{\theta}^{(s-1)}$ が与えられたとして,

$$\boldsymbol{S}_i^{(s)}(u) = \frac{1}{t}(\gamma_i^{(s)}(u),\ \gamma_i^{(s)}(u)\cdot\boldsymbol{y}_u,\ \gamma_i^{(s)}(u)\cdot\boldsymbol{y}_u\boldsymbol{y}_u^{\mathrm{T}})$$

を計算し,

$$\boldsymbol{S}^{(s)} = \boldsymbol{S}^{(s-1)} - \boldsymbol{S}^{(s-1)}(u) + \boldsymbol{S}^{(s)}(u)$$

とおく.ここに,$\boldsymbol{S}^{(s)} = (\boldsymbol{S}_1^{(s)},\cdots,\boldsymbol{S}_k^{(s)})$,$\boldsymbol{S}^{(s)}(u) = (\boldsymbol{S}_1^{(s)}(u),\cdots,$

$S_k^{(s)}(u)$) とする．

M-step: θ の推定量 $\theta^{(s)}$ の要素を次式で求める．

$$\mu_i^{(s)} := \frac{\bar{\mu}_i^{(s)}}{c_i^{(s)}}$$

$$\Lambda_i^{(s)} := \frac{\bar{\Lambda}_i^{(s)}}{c_i^{(s)}} - \mu_i^{(s)}\mu_i^{(s)\mathrm{T}} \tag{6}$$

上記アルゴリズムのポイントは E-step において十分統計量 $S^{(s-1)}$ が任意に選ばれた y_u に対して更新されることである．s に関して E-step と M-step の反復をおこなうことにより $\theta^{(s)}$ は収束する．

さて，つぎにインクリメンタル EM アルゴリズムを以下の 2 点で改造することを考える．

(A) E-step における s 番目の反復では y_s を選び，各 s について E-step および M-step では一度しか反復をおこなわないとする．これによって，データが入力されるごとにパラメータが更新されることになる．

(B) 忘却パラメータ r ($0 < r < 1$) を導入することで，E-step において，各コンポーネント i ごとに以下の更新をおこなうことにする．

$$S_i^{(s)} = (1-r)S_i^{(s-1)} + (\gamma_i^{(s)}(s),\ \gamma_i^{(s)}(s)\cdot y_u,\ \gamma_i^{(s)}(s)\cdot y_u y_u^{\mathrm{T}}) \tag{7}$$

これによって反復が進むにつれて統計量が $(1-r)$ 倍ずつ指数関数的に減少していき，忘却がおこなわれる．

以上の修正にしたがってインクリメンタル EM アルゴリズムを改造したのが SDEM アルゴリズムである．これは以下のように記述できる．

SDEM アルゴリズム

E-step: $S_i^{(s-1)}$, $\theta_i^{(s-1)}$, y_s が与えられたもとで $S_i^{(s)}$ を式(7)にしたがって求める．

M-step: θ の推定量 $\theta^{(s)}$ の要素を式(6)で求める．

SDEM アルゴリズムの具体的計算過程は以下のように書き下すことができる．そこでは c_i の推定値を安定にするためにパラメータ α を導入してお

り，この値は通常，1.0〜2.0に設定される．また，通常，$c_i^{(0)}=1/k$とし，$\boldsymbol{\mu}_i^{(0)}$はあらかじめ与えられたd次元空間の閉区間の上で一様分布で配置されるように設定されるものとする．

アルゴリズム: **SDEM**(Yamanishi *et al.*, 2000)
$t:=0$ （$0<r<1$: 忘却パラメータ，$a>0$，k: given）
初期化: $c_i^{(0)}=\dfrac{1}{k}$，$\boldsymbol{\mu}_i^{(0)}$: 一様分布
Repeat:
入力: $\boldsymbol{y}_t$
For $i=1,\cdots,k$

$$\gamma_i^{(t)} := (1-ar)\frac{c_i^{(t-1)}p(\boldsymbol{y}_t|\boldsymbol{\mu}_i^{(t-1)},\Lambda_i^{(t-1)})}{\sum_{i=1}^{k}c_i^{(t-1)}p(\boldsymbol{y}_t|\boldsymbol{\mu}_i^{(t-1)},\Lambda_i^{(t-1)})}+\frac{ar}{k}$$

（i番目の成分に関する事後確率）

$$\left.\begin{array}{l}c_i^{(t)} := (1-r)c_i^{(t-1)}+r\gamma_i^{(t)}\\ \bar{\boldsymbol{\mu}}_i^{(t)} := (1-r)\bar{\boldsymbol{\mu}}_i^{(t-1)}+r\gamma_i^{(t)}\boldsymbol{y}_t\\ \boldsymbol{\mu}_i^{(t)} := \dfrac{\bar{\boldsymbol{\mu}}_i^{(t)}}{c_i^{(t)}}\\ \bar{\Lambda}_i^{(t)} := (1-r)\bar{\Lambda}_i^{(t-1)}+r\gamma_i^{(t)}\boldsymbol{y}_t\boldsymbol{y}_t^{\mathrm{T}}\\ \Lambda_i^{(t)} := \dfrac{\bar{\Lambda}_i^{(t)}}{c_i^{(t)}}-\boldsymbol{u}_i^{(t)}\boldsymbol{\mu}_i^{(t)\mathrm{T}}\end{array}\right\}\text{（パラメータ更新則）}$$

$t:=t+1$

各反復に対するSDEMアルゴリズムの計算時間は$O(d^3k)$である．ここにdはデータの次元である．

SDEMアルゴリズムは，$\sum_{j=1}^{t}r(1-r)^{t-j}\gamma^{t-j}\log p(\boldsymbol{y}_j|\boldsymbol{\theta})$を極大化する統計量$c_i^{(t)},\bar{\boldsymbol{\mu}}_i^{(s)},\bar{\Lambda}_i^{(s)}$を用いて$\boldsymbol{\theta}$の推定値を求めるアルゴリズムであることが容易に分かる．これはすなわち，j番目のデータに対して$r(1-r)^{t-j}\gamma^{t-j}$の重みを与えて，過去のデータほどその重みが徐々に少なくなるようにして最尤推定をおこなった場合に相当する．とくに，$r=1/t$とおくと，通常

のEMアルゴリズムをオンライン処理したものに一致することに注意する．

5.4 実験結果

SmartSifterをKDDCup99とよばれる侵入検出のベンチマークデータセット（KDD Cup 1999 DATA）に対して適用した．このデータセットは侵入とそうでないネットワークアクセスログからなり，元来教師あり学習による不正検出のためのベンチマークデータとして与えられた．しかし，ここでは教師情報（どれが不正侵入であるかといった情報）は用いていない．総数50万件のデータに対して侵入の混合率は0.35％であった．その結果，SmartSifterには以下の特徴を確認することができた（図13）．

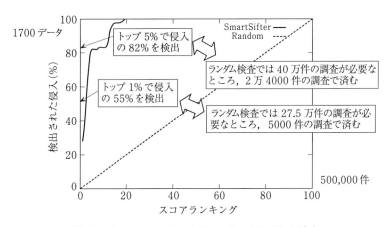

図 **13** SmartSifterによるネットワーク不正侵入検出

1. **高い不正侵入検出力**（effectiveness）．スコアの上位5％のデータの中に全体の侵入の85％が含まれていた．この結果は，BurgeとShawe-Taylor(1997)による同様な機能をもつ競合アルゴリズムと比較しても圧倒的に優れていた（竹内，山西，2000）．
2. **高いスケーラビリティ**（scalability）．4つの属性（serviceの形態，接続時間，送信バイト数，受信バイト数）を用いたときには，データ数50万件に対して140秒で処理できた．

3. 高い適応性．データのパタンが変化しても忘却型学習アルゴリズムによって適応的に外れ値を検出することができた．

さらに，Yamanishi et al.(2000)では，SmartSifter を用いて医療サービスデータから不審な医療サービスデータを検出できたという事例が示されている．

以上説明した SmartSifter の機能は単純にデータのスコアを計算するだけであり，外れ値がなぜ例外的であるのかを説明する機能は示されていない．最近では，SmartSifter が検出した外れ値の一群の特徴をルールの形式で導出し，それらの傾向を分析する研究が進められている(Yamanishi and Takeuchi, 2001; 山西，2002b)．

外れ値検出技術の応用は不正検出に限らない．将来は時系列データの中から意外なトピックの検出や新しい傾向の発見などに応用できるものと期待できる．

6 データマイニングその他の話題

以上に紹介した以外のデータマイニングの問題は数多く存在する．とくに代表的な問題はクラスタリングである．これは大量のデータ集合が与えられたとき，なんらかの尺度で近いものどうしを集めていくつかのクラスタを作るというものである．その方法としては，メモリベース推論，k-近傍法(k-nearest neighbor)などがある．あるいは，データの生成機構を有限個の確率分布成分の線形結合としての有限混合モデル(finite mixture model)とみなして，各成分を EM アルゴリズムなどの推定アルゴリズムを用いて求めるというソフトクラスタリングの方法などもある．

ほかにも時系列分析，変化点検出などがある．こちらはたとえば，赤池と北川(1994, 1995)などを参照されたい．とくに，最近では，すでに示した SmartSifter による外れ値検出の考え方を自然に拡張して変化点検出と外

れ値検出を同時に扱う枠組みも提案されている(Yamanishi and Takeuchi, 2002).

7 テキスト分類と自由記述アンケート分析

　テキストマイニングは，自然言語処理とデータマイニング技法を結合した技術である．テキストマイニングの要素技術には，テキストクラスタリング，テキスト分類，相関性解析，情報抽出などがあり，それらの応用分野としては自由記述アンケート分析，コールセンターにおけるメールの自動分類，有害情報フィルタリング，営業レポートの分析など多岐に渡っている．要素技術と応用領域の対応関係をまとめたのが図14である．

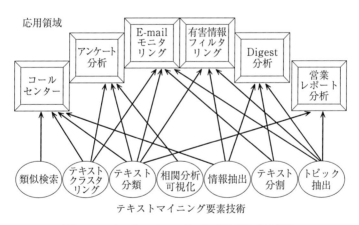

図 14　テキストマイニングの要素技術と応用領域

7.1　テキスト分類

　テキスト分類はテキストマイニングのなかでももっとも重要な要素技術のひとつである．これはテキストを複数のカテゴリに振り分けるための技

術である(永田, 平, 2001; 図15). たとえば, ニュース記事を, そのコンテンツにもとづいて政治, 経済, スポーツなどのカテゴリに自動的に振り分けるのに用いられる. また, Web上を流れるテキストを有害文書(ポルノ, 薬物, 等)と無害文書のカテゴリに振り分けて, 有害文書をフィルタリングするといったインターネットアクセスコントロールの分野にも適用できる. そのためにはテキストをカテゴリへ振り分ける分類ルールをデータから学習しなければならない.

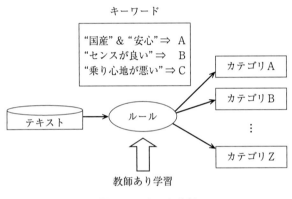

図15 テキスト分類

このようなテキスト分類は, 自然言語の形態素解析と5章で触れた教師あり学習技術を組み合わせることで実現できる. これを以下にくわしく述べよう.

形態素解析とは, 文章を意味のなす単語の単位に分解することである(本書第Ⅱ部参照). たとえば, 「意味のなす単語の単位に分解する」という文章は「意味/の/なす/単語/の/単位/に/分解する」と区切られる. そうして得られる単語の中からとくに分類にとって重要である単語をなんらかの規準のもとで抽出する(これを**属性選択**とよぶ). そこで, テキストを属性選択された単語がそれぞれ含まれているか否かを1, 0で表現することにより, バイナリベクトルで表現する. つぎに, バイナリベクトルとカテゴリの一般的な対応関係について事例データから教師あり学習をおこなう.

テキスト分類のおもな目的は, カテゴリが未知のテキストに対してその

カテゴリをできるだけ正しく予測することである．その場合には，いまのところサポートベクトルマシンを用いた場合がもっとも分類予測精度が高いことが検証されている(Joachims, 1998)．ところが，それは非ルール形式であり，対応関係が複雑な数式で表わされるために可読性(readability)がない．知識発見の立場からは可読性が重要なので，ルール形式の表現形が有利である．ルール形式のもっともわかりやすい例が**確率的決定リスト**(Yamanishi, 1992 ; Li and Yamanishi, 1999, 2002a)である．確率的決定リストは，たとえば，カテゴリを trade とそれ以外としたとき図 16 のように与えられる．

```
tariff =1 & trade =1 → trade (80%)
deficit =1 & export =1 & import =1 → trade (70%)
Japanese =1 & semiconductor =1 → trade (90%)
Textile =1 & trade =1 → trade (90%)
Protectionism =1 & trade =1 → trade (70%)
Korea =1 & surplus =1 → trade (60%)
1 → not-trade (80%)
```

図 16　確率的決定リスト

これは "もしテキストが単語 tariff と単語 trade を同時に含むならばカテゴリ = trade(確率 80%)そうでなければ，もしテキストが単語 deficit と単語 export と単語 import を同時に含むならばカテゴリ = trade(確率 70%)…以下同様…もしそうでなければカテゴリ = trade でない(80%)" のように読む．つまり，確率条件付きの If—then—else 形式で与えられる．ここで，条件文には複数の単語の同時出現条件が入ってもよい．また，最後のルールは残りのデータを処理するためのデフォルトルールである．このような決定リストを 3 章で述べたような情報量規準にもとづいて学習するアルゴリズム DL-SC および DL-ESC が提案されている(Li and Yamanishi, 1999, 2002a)．これを以下，紹介しよう(図 17)．

いま，カテゴリが X とそうでないカテゴリの 2 つに分かれるとし，それらを 1 と 0 で表わすとしよう．テキストとそのカテゴリを表わすデータが n 個与えられたとする．それらを

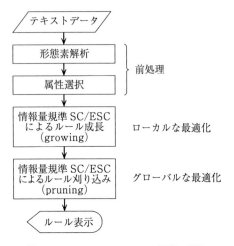

図 17　DL-SC/DL-ESC の処理の流れ

$$(d_1, c_1), \cdots, (d_n, c_n)$$

と表わす．ここに d_i は i 番目のテキストを表わし，c_i はそれに対応するカテゴリを表わす．DL-SC, DL-ESC の学習のプロセスは，5.2 節の決定木の学習と同様に，大きく**属性選択**，成長（growing），刈り込み（pruning）の3つに分かれる．ここでは，確率的決定リストに限った形を紹介しよう．

　属性選択ではすべての単語の中からカテゴリの分類に寄与しそうな単語を抽出する．その際に 5 章にも登場した確率的コンプレキシティを規準に用いる．具体的には，データの中で単語 w を含むテキスト d_i に対応するカテゴリ列を並べたデータ列を c^{m_w} とし，単語 w を含まないテキスト d_i に対応するカテゴリ列を並べたデータ列を $c^{\neg m_w}$ とするとき，c^{m_w} と $c^{\neg m_w}$ の確率的コンプレキシティをそれぞれ $I(c^{m_w})$，$I(c^{\neg m_w})$ とするとき，これらの和をデータ数で割って得られる値

$$\frac{1}{m}\{I(c^{m_w}) + I(c^{\neg m_w})\}$$

があらかじめ与えられた一定値以下であるような w を属性として選ぶ．ここに $I(c^{m_w})$ は 3 章における式(3)のように

$$I(c^{m_w}) = m_w H\left(\frac{m_w^+}{m_w}\right) + \frac{1}{2}\log\left(\frac{m_w \pi}{2}\right) \tag{8}$$

のように計算される.ここに m_w は w が出現したテキスト数を表わし,m_w^+ はそれらのうち $c=1$ であったものの総数を表わす.$I(c^{\neg m_w})$ の計算も同様である.本節では対数の底は2とする.

つぎに成長ではデータのコンプレキシティをもっとも下げることのできるようなルールを次々と追加していく.いま,k が与えられた正数であるとして,T_k を tariff $=1$ & trade $=1$ のような"単語$=1$"または"単語$=0$"をたかだか k 個,& でつないだもの(これを k 個の連言とよぶ)の全体集合とする.ここに"単語$=1$"はその単語が出現すること,"単語$=0$"は出現しないことを表わす.T_k の要素 t について,与えられたデータ列の中で連言 t を満たすテキストに対応するカテゴリ列を並べたデータ列を c^{m_t} とし,連言 t を含まないテキストに対応するカテゴリ列を並べたデータ列を $c^{\neg m_t}$ とするとき,c^{m_t} と $c^{\neg m_t}$ のコンプレキシティをそれぞれ $I(c^{m_t}), I(c^{\neg m_t})$ として,これらの和である

$$I(c^{m_t}) + I(c^{\neg m_t}) \tag{9}$$

が最小になる t を求める.$I(c^{m_t}), I(c^{\neg m_t})$ の計算は DL-SC では式(8)と同様な確率的コンプレキシティ(stochastic complexity, SC と略記)を用いるが,DL-ESC では次式で計算される拡張型確率的コンプレキシティ(extended stochastic complexity, ESC と略記)を用いる.

$$I(c^{m_t}) = \min\{m_t^+, m_t - m_t^+\} + \lambda(m_t \log m_t)^{1/2} \tag{10}$$

ここに m_t は t を満足するテキスト数を表わし,m_t^+ はそれらのうち $c=1$ であったものの総数を表わす.λ は与えられた正数である.式(9)を最小化する t が求まったら,t を満足するテキストの中で $c=1$ と 0 の多いほうをデフォルト値とし,その分類確率をラプラス推定値 $p = (m_t^+ + \beta)/(m_t + 2\beta)$($\beta$ は与えられた正定数)を用いてルール "$t \to c(\text{確率}\ p)$" をリストに付加する.t を満足する全テキストデータをすべて取り除いたデータに対して,同様の過程を繰り返し,順次ルールを付加しながらデータがなくなるまで繰り返す.

また,刈り込みでは,成長で得られたリストから最後のデフォルトルー

ルの上位のルールを順次デフォルトルールに置き換えてルールの数を減らしていき，そうして得られた確率的決定リストの列から全体のコンプレキシティが最小になるリスト L を求める．リスト L に対する全体のコンプレキシティとは，DL-SC, DL-ESC ともに

$$I(D:L) = \sum_t I(D_t) + \lambda' l(L)$$

で計算する．ここに D_t は t 番目のルールの連言を満足するデータ列(カテゴリに関する 2 元系列)であるとする．$l(L)$ は L に現われた連言をその順序に符号化するのに必要な最短ビット数である．具体的には L に含まれるルールの数を M とするとき以下のように計算される．

$$l(L) = \log|T_k| + \log(|T_k|-1) + \cdots + \log(|T_k|-M+1)$$

DL-SC では $I(D_t)$ は SC として計算し，DL-ESC では $I(D_t)$ を ESC として計算する．λ' は与えられた正定数であり，DL-SC と DL-ESC では異なる値として調整される(Li and Yamanishi, 1999)．

SC はデータ系列およびルールのコンプレキシティを対数損失とよばれる尺度で測ったものであるのに対して，ESC はそれらを一般の損失関数を歪み尺度を用いて測ったものである(付録 A.2 参照)．とくに，式(10)の計算式は 0-1 損失とよばれる損失関数を用いた場合の ESC の特殊形である．ここで 0-1 損失とはデフォルト値でカテゴリの値を予測したときに，正しければ 0 を，間違っていれば 1 を対応させる歪み尺度である．したがって，DL-SC はデータを生成する確率モデルを対数損失の意味でもっとも正しく推定しようとする場合に有効であり，DL-ESC は未知のデータのカテゴリ分類を 0-1 損失の意味で最小にしようという場合に有効である(Li and Yamanishi, 1999)．

以下に Reuters21578 とよばれるテキスト分類のベンチマークデータ(Reuters21578 Text Categorization Collection)に対して DL-SC, DL-ESC を適用して，他の手法と比較した実験結果を Li と Yamanishi(1999, 2002a)にしたがって示す．Reuters21578 のデータは 90 個のカテゴリに分類されており，DL-SC, DL-ESC を適用する際には，各カテゴリを分類するルールを生成して，これらを予測に用いた．また Reuters21578 を Apte-Spilit(Apte *et al.*, 1994)という方法で9603個の訓練データと3299個のテストデータに分け，訓練データで分類器を生成して，これにもとづいてテストデータに対して実際にカテゴリを予測させて，その予測性能を再現率(precision)，適合率(recall)といった指標で評価した．ここで再現率は各カテゴリに対して，(そのカテゴリに正しく分類されたテキスト数)/(そのカテゴリに分類されると予測したテキスト数)として定義され，適合率は，(そのカテゴリに正しく分類されたテキスト数)/(そのカテゴリに本来分類されるテキスト数)として定義される．再現率と適合率の値はカテゴリ全般に渡る重み付き平均によって算出される．ここで重みは各カテゴリに属するデータ数に比例する．アルゴリズムにともなうパラメータを適宜変えながら，適合率と再現率の値が等しくなった点を Break-even 点とよぶ．Break-even 点における再現率の値を用いて現在知られているテキスト分類手法を比較したのが図18である．

手　法	Break-even 点(%)	参考文献
DL-ESC	82.0	Li と Yamanishi(2002a)
DL-SC	78.3	Li と Yamanishi(2002a)
C4.5	80.1	Quinlan(1993), Li と Yamanishi(2002a)
Ripper	82.0	Quinlan(1993), Li と Yamanishi(2002a)
Bayesian-Net	80.0	Dumais *et al.*(1998)
Naive Bayes	77.3	Li と Yamanishi(2002a)
SVM	84.1	Joachims(1998), Li と Yamanishi(2002a)
k-nearest neighbor	82.0	Weiss *et al.*(1999)
Rocchio	77.6	Cohen と Singer(1998)
Adaptive Re-sampling	87.8	Weiss *et al.*(1999)

図 18　テキスト分類手法の精度比較

ここで DL-ESC, DL-SC, C4.5, Ripper, Bayesian-Net はいずれもルール型のテキスト分類手法である．(C4.5(Quinlan, 1993)の適用の際の属性選択には DL-ESC と同じ手法を用いている．)　Naive Bayes, SVM(サポートベクトルマシン, support vector machine), k-近傍法(k-nearest neighbor), Rocchio はいずれも非ルール型の分類手法である．Adaptive Re-sampling は複数のルール型の分類器を非ルール型の手法で組み合わせる手法である．

参考文献にLiとYamanishi(2002a)と書かれた手法についてはそこで実験がおこなわれた値を記してある．それ以外についてはBreak-even点の値はすべて参考文献からの引用である．予測精度だけみると，SVMやAdaptive Re-samplingが高い精度を出している．しかしこれらにはルール型分類手法のもつ可読性(readability)や修正・編集可能性(refinabiility)がない．ルール型の分類手法の中ではDL-ESCがRipper(Cohen and Singer, 1998)と同様に最高の精度を達成している．なお，DL-ESCはRipperに比べてアルゴリズムが単純であるという利点をもっている．

7.2 自由記述アンケート分析

テキスト分類は自由記述アンケート分析に応用することができる(Li and Yamanishi, 2001, 2002a)．通常，アンケートデータはカテゴリカルデータと自由記述文からなっている．たとえば，自動車のブランドイメージ調査では，図19のように1人のユーザが回答したデータには，ブランド名(車種)，顧客満足度，回答者の年代などといったカテゴリカルデータと，ブランドイメージに関する自由記述回答部分が含まれている．

ブランド	満足度	年代	イメージの自由回答
A車	+5	30	ちょっぴり高級感があって，乗り心地が良い
B車	−2	20	コストパフォーマンスがあまり良くない
C車	+3	40	オーナードライバーにとっては最適な車

図19 自由記述アンケートデータの構造

そこで，カテゴリカルデータの中から特定のカテゴリを指定し(たとえば，ブランド)，自由記述回答部分をテキストとして，テキスト分類をおこなうことを考える．このときアンケートデータから分類ルールを前節のDL-SC/DL-ESCを用いて確率的決定リストの形で学習したとき，条件文の中にそのカテゴリに特徴的な言葉が現われる．たとえばA車というブランドに注目して図20のようなルールが得られたとする．このとき，A車の特徴が，「安全 & 心地良い」「アウトドア向き」といった言葉で表わさ

れる．このような言葉は情報利得の高い順に選ばれる．情報利得とは3章の式(2)で示した量であり，言葉が指定されたカテゴリにとってどれだけ特徴的であるかを示している．以上のようなテキスト分類にもとづく自由記述アンケートは実際にマーケティングの中で活用されている(NEC R & D, web; Li and Yamanishi, 2001; 日経コンピュータ，2001年8月号; 山西，2002b)．自由記述アンケートを分析するテキストマイニング手法としては，テキスト分類のほかに，テキストクラスタリングや共起度にもとづく相関分析などがある．

```
    If       安全 & 心地良い    then    ブランド ＝ A 車   (80%)
else if      アウトドア向き     then    ブランド ＝ A 車   (75%)
else if      …
```

図 20　自由記述アンケート分析

テキストクラスタリングはテキストの一群を教師なし学習によって指定された数のクラスタ(群)に分ける操作のことである．代表的な方法にコサイン法とよばれるものがある．これはテキストを単語のベクトルとみなし，テキスト間の近さをベクトルの角度で測ることにより，近いテキストどうしをクラスタ化するというものである．

一方，共起度にもとづく相関分析では，単語間の同時出現(共起関係)の情報から主成分分析，数量化Ⅲ類，などをおこない，言葉どうしの関連をポジショニングマップと呼ばれる2次元マップ上で表現する．以上の技術は人工知能学会誌(Vol. 16, No. 2)，日経コンピュータ(2001年8月号)を参考にされたい．

7.3　トピック分析

インターネット上の掲示板で交わされる議論やニュース記事の時系列のような文書の流れからトピックを抽出し，その変化を検出することはテキストマイニングの興味深い問題のひとつである．従来，トピック抽出は文

書からの TF-IDF などの手法を用いたキーワード抽出として扱われてきた(Salton and Yang, 1973). また，トピック変化検出の問題はテキストの自動セグメンテーションであるテキスト分割(text tiling)の問題として扱われてきた(Hearst, 1997). しかしながら，トピック抽出とテキスト分割の問題は別々に扱われ，統一的な枠組みがいままでなかった．そこで，これらを確率モデルの推定問題の立場から統一的に扱うアプローチとして，Liと Yamanishi(2000, 2002b)による確率的トピックモデルの研究がある．本節ではこの研究の概要を紹介しよう．

以下ではトピックを単語のクラスタとして定義する．たとえば，trade というトピックは以下のように trade という単語と密接に関係のある言葉の集合として与えられる．トピックを代表する単語をシード(seed)とよぶ．図 21 では trade という単語がシードである．

Trade: trade, export, import, tariff, trader, GATT, protectionist

図 **21** トピックの例

確率的トピックモデル(stochastic topic model，以下，STM と略記)(Li and Yamanishi, 2000, 2002b)とは，文書の単語の確率分布を複数のトピックス上の単語確率分布の線形結合としてモデリングしたものである．いま，W をすべての単語集合とし，K をトピックの集合とする．k,w をそれぞれ，K,W 上の確率変数とする．K 上の確率分布を $P(k)$ $(k \in K)$ とし，トピック k 上での単語の分布を $P(w|k)$ とする．ここで k に含まれない単語 w については $P(w|k)=0$ であるとする．STM は文書の単語分布 $P(w)$ を以下のような有限混合モデルとして定義する(図 22 参照)．

$$P(w) = \sum_k P(k)P(w|k)$$

K: トピックの集合

$P(k)$: K 上の確率分布

$P(w|k)$: トピック(クラスター) k 内の単語の確率分布

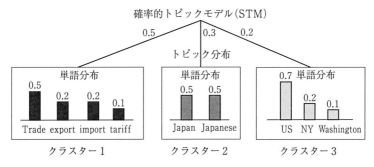

図 22　確率的トピックモデル

以上のような確率構造のもとで，トピック分析とは，テキストセグメンテーション（text segmentation）とトピック同定（topic identification）の2つのプロセスからなる．トピック同定とは文書データから STM の確率パラメータ $P(k)$ と $P(w|k)$ を推定してトピックが含まれる割合を発見することであり，テキストセグメンテーションとは STM の変化の大きいところで文章の区切りを入れることである．テキストセグメンテーションをおこなうためには暫定的にトピック同定をおこなう必要があり，また，テキストセグメンテーションが一度おこなわれると，各セグメントにおいてトピック同定をやりなおすという操作が必要になる．

また，STM を構成する前処理として，トピックを用意しなければならない．そのためには大規模コーパスを利用して，あらかじめ与えた種（シード）に共起する単語を集めてクラスタを形成する．これを**単語クラスタリング**（word clustering）とよぶ．また，さらにその中から重要な種をもつクラスタを集めてトピックを形成していく．これを**トピックスポッティング**（topic spotting）とよぶ．以上のトピック分析の流れを描いたのが図 23 である．

トピック分析の例を図 24 に示す．上図は入力テキストを表わす．各文に番号が付与されている．下図はトピック分析をおこなった後の出力図である．トピックのまとまりによってブロックに区切られている．各ブロックにはトピックの分布が求められている．たとえば，block0 では trade-export-tariff-import, Japan-Japanese, US といったトピックがそれぞれ 0.12, 0.07, 0.06 といった割合で出現していることを表わしている．

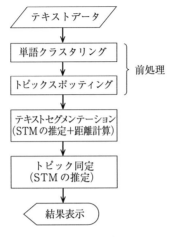

図 23 トピック分析の流れ

以下,トピック分析のそれぞれのプロセスをくわしく述べる.まず,単語クラスタリングでは,あらかじめ与えられたテキストデータをもとにシード s と共起性の高い単語を集める. m 個のテキストデータがあるとして,w_i を i 番目のテキストデータに単語 w が出現しているかどうかを 1, 0 で表わした数であるとして,$w^m = w_1, \cdots, w_m$ とする.一方,w^m のうちシード s が出現しているテキストに相当する部分系列を w^{m_s},シード s が出現していないテキストに相当する部分系列を $w^{\neg m_s}$ とする.$I(x)$ が 2 元系列 x の確率的コンプレキシティを表わすとき,情報利得

$$\frac{1}{m}\left[I(w^m) - \{I(w^{m_s}) + I(w^{\neg m_s})\}\right]$$

を計算し,これがある一定値以上の w をシード s の共起単語として集めてクラスタを作る.

トピックスポッティングでは,単語 w のテキスト全体 t におけるシャノン情報量を

$$I(w) = -N(w) \log P(w)$$

として計算して,これが大きい単語を一定数抽出して,これらをキーワード集合とする.ここに,$N(w)$ はテキスト中の w の頻度,$P(w)$ はコーパ

トピック分析:入力例

ASIAN EXPORTERS FEAR DAMAGE FROM U.S.-JAPAN RIFT (25-MAR-1987)

1 They told Reuter correspondents in Asian capitals a U.S. move against Japan might boost ...
2 But some exporters said that while the conflict would hurt them in the long-run, in the ...
3 The U.S. has said it will impose 300 mln dlrs of tariffs on imports of Japanese electronics ...
4 Unofficial Japanese estimates put the impact of the tariffs at 10 billion dlrs and spokesmen ...
5 "We wouldn't be able to do business," said a spokesman for leading Japanese electronics ...
6 "If the tariffs remain in place for any length of time beyond a few months it will mean the ...
7 In Taiwan, businessmen and officials are also worried.
8 "We are aware of the seriousness of the U.S. threat against Japan because it serves as a ...
9 Taiwan had a trade surplus of 15.6 billion dlrs last year, 95 pct of it with the U.S.
10 The surplus helped swell Taiwan's foreign exchange reserves to 53 billion dlrs, among the ...
11 "We must quickly open our markets, remove trade barriers and cut import tariffs to allow ...
12 A senior official of South Korea's trade promotion association said the trade dispute between ...
13 Last year South Korea had a trade surplus of 7.1 billion dlrs with the U.S., up from 4.9 ...
14 In Malaysia, trade officers and businessmen said tough curbs against Japan might allow ...
15 In Hong Kong, where newspapers have alleged Japan has been selling below-cost semiconductors, ...
16 "That is a very short-term view," said Lawrence Mills, director-general of the Federation of ...
17 "If the whole purpose is to prevent imports, one day it will be extended to other sources...
18 The U.S. last year was Hong Kong's biggest export market, accounting for over 30 pct of ...
19 The Australian government is awaiting the outcome of trade talks between the U.S. and Japan ...
20 "This kind of deterioration in trade relations between two countries which are major trading ...
21 He said Australia's concerns centered on coal and beef, Australia's two largest exports to ...
22 Meanwhile U.S.-Japanese diplomatic manoeuvres to solve the trade stand-off continue.

テキスト分割:出力例

ASIAN EXPORTERS FEAR DAMAGE FROM U.S.-JAPAN RIFT (25-MAR-1987)

block 0 ―――― trade-export-tariff-import(0.12) Japan-Japanese(0.07) US(0.06)
1 They told Reuter correspondents in Asian capitals a U.S. move against Japan might boost ...
2 But some exporters said that while the conflict would hurt them in the long-run, in the ...
3 The U.S. has said it will impose 300 mln dlrs of tariffs on imports of Japanese electronics ...
4 Unofficial Japanese estimates put the impact of the tariffs at 10 billion dlrs and spokesmen ...
5 "We wouldn't be able to do business," said a spokesman for leading Japanese electronics ...
6 "If the tariffs remain in place for any length of time beyond a few months it will mean the ...

block 1 ―――― trade-export-tariff-import(0.17) US(0.09) Taiwan(0.05)
7 In Taiwan, businessmen and officials are also worried.
8 "We are aware of the seriousness of the U.S. threat against Japan because it serves as a ...
9 Taiwan had a trade surplus of 15.6 billion dlrs last year, 95 pct of it with the U.S.
10 The surplus helped swell Taiwan's foreign exchange reserves to 53 billion dlrs, among the ...
11 "We must quickly open our markets, remove trade barriers and cut import tariffs to allow ...
12 A senior official of South Korea's trade promotion association said the trade dispute between ...
13 Last year South Korea had a trade surplus of 7.1 billion dlrs with the U.S., up from 4.9 ...
14 In Malaysia, trade officers and businessmen said tough curbs against Japan might allow ...

block 2 ―――― Hong-Kong(0.16) trade-export-tariff-import(0.10) US(0.04)
15 In Hong Kong, where newspapers have alleged Japan has been selling below-cost semiconductors, ...
16 "That is a very short-term view," said Lawrence Mills, director-general of the Federation of ...
17 "If the whole purpose is to prevent imports, one day it will be extended to other sources...
18 The U.S. last year was Hong Kong's biggest export market, accounting for over 30 pct of ...

block 3 ―――― trade-export-tariff-import(0.14) Button(0.08) Japan-Japanese(0.07)
19 The Australian government is awaiting the outcome of trade talks between the U.S. and Japan ...
20 "This kind of deterioration in trade relations between two countries which are major trading ...
21 He said Australia's concerns centered on coal and beef, Australia's two largest exports to ...
22 Meanwhile U.S.-Japanese diplomatic manoeuvres to solve the trade stand-off continue.

図 24 トピック分析の入力(上図)と出力(下図)

スから推定された w の出現確率である．シードがキーワード集合に含まれるようなクラスタを取り出し，シードが他のクラスタに含まれているようなクラスタをたがいにマージしてトピックを作る．

テキストセグメンテーションでは，注目している文を S として，これに先立つ文章と S 以降の文章からそれぞれ推定した STM をそれぞれ $P_L(w)$，$P_R(w)$ とするとき（推定方法については後述），それらの変動距離（variation distance）

$$d(S) = \sum_w |P_L(w) - P_R(w)|$$

を計算し，これが極大になる S において文章の分割をおこなう（図 25）．

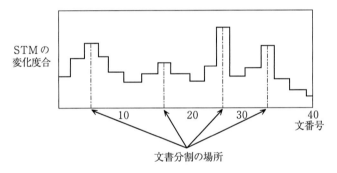

図 25　テキストセグメンテーション

トピック同定では，EM アルゴリズム（Dempster *et al.*, 1977）を適用することによりテキストから STM のパラメータである $P(k)$ や $P(w|k)$ を反復計算によってもとめる．このアルゴリズムを以下に示す．

s: given

For $l = 1$ to s do

$$P^{(l+1)}(k|w) = \frac{P^{(l)}(k)P^{(l)}(w|k)}{\sum_k P^{(l)}(k)P^{(l)}(w|k)}$$

$$P^{(l+1)}(k) = \frac{N(w)P^{(l+1)}(k|w)}{N}$$

$$P^{(l+1)}(w|k) = \frac{N(w)P^{(l+1)}(k|w)}{\sum_w N(w)P^{(l+1)}(k|w)}$$

$N(w):$ データ中の w の出現頻度, $N = \sum_w N(w)$

TF-IDFによるキーワード抽出によるトピック同定とテキスト分割（text tiling）によるテキストセグメンテーション手法を自明に組み合わせた方法を Combと名づけることにすれば，STMを用いたトピック分析の手法はComb と異なり，統一的な枠組みでトピック同定とテキストセグメンテーション を同時に達成することができる．また，これらの機能の個々のパフォーマ ンスにおいてもSTMはCombに勝ることが実験的に示されている（Li and Yamanishi, 2000, 2002b）．実際，Reuters21578というデータ（Reuters21578 Text Categorization Collection）を用いて評価したところ図26の結果が得 られている．

	STM		Comb	
	再現率(%)	適合率(%)	再現率(%)	適合率(%)
トピック同定	0.523	0.807	0.368	0.742
テキストセグメ ンテーション	0.742	0.743	0.736	0.737

図 **26** トピック分析の性能評価

8 Webマイニング

インターネットの発達により，CRMの対象とするデータの領域はWeb空 間上へと急激に拡大された．CRMの対象となる顧客は，もはやDB/DWH 上に格納されたものに限らず，Webサイトの来訪者はすべて潜在顧客とみ なされる．また，Web上に存在する製品情報や製品評価，顧客情報や顧客

満足度のデータがすべてマーケティングの対象になってきたのである．インターネット上の情報には，Webのコンテンツのほかにも，HTMLタグ構造，リンク，アクセスした人の通信記録であるアクセスログや，アクセスした人のID情報を記録したクッキーなど多様な情報が存在する．こういったWeb上のすべての情報を対象にして知識を発見することを**Webマイニング**とよんでいる．

KosalaとBlockeel(2000)は，Webマイニングを(1)**Webコンテンツマイニング**(Web content mining)，(2)**Web構造マイニング**(Web structure mining)，(3)**Web利用マイニング**(Web usage mining)の3つに大別している．(1)には，Web空間から情報抽出(Kushmerick, 2000)や，これをもとにしたテキストマイニング(坂本ほか, 2001; 立石ほか, 2002)や競合サイトからの意外な情報抽出(Liu et al., 2001)等が含まれる．最近では，7.2節で紹介した自由記述アンケート分析とネット上の評判検索の考え方を結合してWeb上の評判情報を収集から分析まで自動化する評判分析(Morinaga et al., 2002)の手法も生まれている．(2)には，グラフ理論にもとづくハイパーリンクのグラフ構造にもとづいたページ間の関連性の発見(Kleinberg, 1998)やWebコミュニティの発見(Flake et al., 2000; Ding et al., 2001)等が含まれる．(3)には，アクセスログやクリック履歴にもとづくアクセスパタン分析(Padmanabham and Mogul, 1996; Sarukkai, 2000; Cadez et al., 2000)やインターネットバナー広告の最適配信(Langheinrich et al., 1999)等が含まれる．これらのさらにくわしい解説は山西(2002a)を参考にされたい．

9 おわりに

以上，データとテキストのマイニング技術を，バスケット分析，分類ルールの学習，嗜好学習とリコメンデーション，外れ値検出，テキスト分類，自由記述アンケート分析，トピック分析，Webマイニングに焦点を絞って解説してきた．データとテキストのマイニングの技術は以上にとどまらず，い

まも多くの要素技術を生み出しながら応用領域を拡大している．しかし，一貫してマイニング技術のめざすところは「知識発見」であり，とくに専門家をもおどろかせるような新しい知識を大量データの中から発見することが最大の課題である．そのためにもマイニング技術は大規模計算技術，並列計算技術，可視化技術などとも緊密に結びついて発展していくと期待されている．

A 付　録

A.1　確率的コンプレキシティ

Y をデータのとりうる範囲とし，確率モデル（確率分布）$P(\cdot)$ が 1 つ与えられたとして，これより発生する長さ n のデータの実現系列 $y^n = y_1, \cdots, y_n \in Y^n$ のもつシャノン情報量は

$$-\log P(y^n) \qquad (11)$$

で定義される．シャノン情報量はデータ系列の発生する意外性を確率モデル P に対して測定したものである．すなわち，出現確率が小さい系列ほど，その系列が実際に現われた場合の情報量は高いとみなされるのである．シャノンの情報理論はこのようなシャノン情報量を中心にして構築されてきた．

シャノン情報量はまた，符号化の観点から特徴づけられる．いま，長さが一定のデータ列の集合から長さの異なる 2 元系列集合への写像を**符号化**（coding）とよぶことにする．とくに，個々のデータ列を符号化する際に，符号語がたがいに語頭が一致しないような符号化（これを**語頭符号化**，prefix coding とよぶ）を考えよう．語頭符号化の中で最短の平均符号長を実現する符号化を考えた場合，シャノンの第一符号化定理によって，式(11)はこのような符号化に対する y^n の符号長を表わすことが知られている（Cover and Thomas, 1991; 第 3 章）．したがって，確率分布 P と語頭符号化は(11)を符号長関数とすることで対応付けられる．(11)のような符号長関数をもつ

符号化を P を用いた符号化とよぶ．

式(11)はまた，統計的決定理論の言葉を用いると，長さ n のデータ列の発生確率密度関数を $P(\cdot)$ として予測した場合に，実際にデータ列 y^n が発生したときの**対数損失**(logarithmic loss)とよばれる損失値であると解釈することができる．ここでは損失関数を $L(y^n, P) = -\log P(y^n)$ と定めている．

ここで注意したいのは，確率モデルが1つ固定されていて，それにしたがってデータが発生しているという大前提があることである．そのような確率モデルを真の分布とよぶ．真の分布そのものが既知であれば問題ないが，一般にはそれは未知である．そこで，真の分布を含むであろう何らかのモデルのクラス(実際に含まなくてもよい)を仮定することにより，これらに相対的にデータ系列の情報量を定義することを考える．（注意：本稿ではモデルとは1つの確率密度関数，または確率分布のことをさすとして，モデルのクラスとは確率密度関数または確率分布の集合を表わすとする．）

いま，$H = \{P(*|\theta) : \theta\text{ は実数ベクトル値パラメータ}\}$ をパラメトリックな確率モデルの空間とする．y^n の H に相対的な情報量を，符号化の言葉を用いて，「y^n が H を用いて符号化する際の最短符号長」として定義しよう．ここで，"H を用いて符号化" というところが曖昧である．そこで，確率モデルに相対的な符号化の概念としてミニマックスリグレットを導入して，そこら辺をきちんと定義しよう．

いま，データ系列 y^n について P を用いた符号化の H に対するリグレット(regret)を以下で定義する．

$$R(y^n : P, H) = -\log P(y^n) - \min_{\theta}\{-\log P(y^n|\theta)\} \quad (12)$$

これは，H の中の分布を用いて y^n を符号化したときの最短符号長に比べて，P を用いた符号化の符号長がどれだけ長いかを表わしている．そこで，ミニマックスリグレット(minimax regret)を以下で定義する．

$$R_n(H) = \min_{P}\max_{y^n} R(y^n : P, H) \quad (13)$$

これはリグレットをデータに関する最悪値で評価したものを短くできる符号化をおこなった場合のリグレットの値である．H の中の分布を用いてもっとも理想的な符号化をおこなった場合の符号長にどれだけ近づけるかを評価したものである．

H に関するある正則条件のもとで，ミニマックスリグレットを達成する分布は次式で与えられる**最尤分布**(maximum likelihood distribution)，すなわち各 y^n に対して，

$$P_{\mathrm{ML}}(y^n) = \frac{P(y^n|\hat{\theta})}{\sum_{y^n} P(y^n|\hat{\theta})} \tag{14}$$

により達成される．ここで，$\hat{\theta}$ は y^n からの**最尤推定値**(maximum likelihood estimator; $\hat{\theta} = \arg\max_{\theta} P(y^n|\theta)$)を表わし，分母の和はすべての y^n に関してとられるものとする．

最尤分布を用いた符号化を**最尤符号化**(maximum likelihood coding)とよぶ．最尤符号化の符号長は漸近的に以下で与えられることが知られている．

［定理 **A1**］(Rissanen, 1996) H に関する適当な正則条件のもとで最尤符号化の符号長は以下で与えられる．

$$\begin{aligned}L(y^n) &= -\log P_{\mathrm{ML}}(y^n) \\ &= -\log P(y^n|\hat{\theta}) + \frac{k}{2}\log\left(\frac{n}{2\pi}\right) + \log\int |I(\theta)|^{1/2}d\theta + o(1)\end{aligned} \tag{15}$$

ここで，k はパラメータ θ の次元であり，$I(\theta)$ はフィッシャー情報行列

$$I(\theta) = \lim_{n\to\infty}\frac{1}{n}E_\theta\left(\frac{-\partial^2\log P(y^n|\theta)}{\partial\theta_i\partial\theta_j}\right)$$

を表わし，$|I(\theta)|$ はその行列式を表わす．平均は $P(y^n|\theta)$ に関してとられるものとする．$o(1)$ は $n\to\infty$ につれて，y^n に関して一様に 0 に収束する量である．このときのミニマックスリグレットの値は

$$R_n(H) = \frac{k}{2}\log\left(\frac{n}{2\pi}\right) + \log\int |I(\theta)|^{1/2}d\theta + o(1) \tag{16}$$

で与えられる．

式(15)はデータ系列 y^n の H に対する**確率的コンプレキシティ**(Rissanen, 1996)とよばれる．これはシャノン情報量が固定された確率分布 P に対して定義された情報量であるのに対し，確率的コンプレキシティは H という

パラメータの自由度をもったモデル空間に相対的に定義された情報量であると考えることができる．

たとえば，$Y=\{0,1\}$ として，$H=\{P(y=1|\theta)=\theta:0\leq\theta\leq 1\}$ を独立生起なベルヌイモデルとする．フィッシャー情報行列はこの場合スカラーで，$I(\theta)=1/\{\theta(1-\theta)\}$ と計算されるから，長さが n のベルヌイ系列 y^n のベルヌイモデルクラスに関する確率的コンプレキシティは以下のように計算される．

$$L(y^n) = nH\left(\frac{n_1}{n}\right) + \frac{1}{2}\log\left(\frac{n}{2\pi}\right) + \log\int\frac{1}{\sqrt{\theta(1-\theta)}}d\theta$$
$$= nH\left(\frac{n_1}{n}\right) + \frac{1}{2}\log\left(\frac{n\pi}{2}\right) \qquad (17)$$

ここに，n_1 は y^n の中で 1 が生起した数である．

データ列 y^n が与えられたとき，確率的コンプレキシティ(15)を最小化するようにモデルクラスを選ぶモデル選択原理を **MDL 原理**(minimum description length principle; Rissanen, 1996)とよんでいる．具体的には，データの生成機構を表わすモデルのもっとも適切なパラメータの次元 k を推定しようとするときに MDL 原理を適用すると，式(15)を最小化するようなパラメータの次元 k が最適であるとみなされる．MDL 原理はまた，パラメータの次元決定のみならず機械学習における統計的モデル選択に広く展開されている(山西, 1999)．

また，式(15)の確率的コンプレキシティはつぎの計算式でも近似できる．

$$L(y^n) = -\log\int\pi(\theta)P(y^n|\theta)d\theta \qquad (18)$$

ここに，$\pi(\theta)=|I(\theta)|^{1/2}/\int|I(\theta)|^{1/2}d\theta$ は **Jeffreys** の事前分布(Jeffreys' prior)とよばれるものである．

式(12)で定義されたリグレットについて逐次的予測問題の立場から解釈を与えよう．いま，各時刻 t において，未知のデータ y_t の発生確率を過去のデータ列 $y^{t-1}=y_1,\cdots,y_{t-1}$ にもとづく確率分布 $P(\cdot|y^{t-1})$ で予測し，実際にはデータ y_t が観測されたとしたとき，対数予測損失を $-\log P(y_t|y^{t-1})$ で測るというプロセスを考える．これは逐次的な確率的予測問題とよばれる．

各時点で予測分布 $\{P(\cdot|y^{t-1}) : t = 1, 2, \cdots\}$ をあたえるアルゴリズムを逐次的確率予測アルゴリズム(sequential stochastic prediction algorithm)とよぶ．また，与えられた逐次的確率予測アルゴリズムに対して $y^n = y_1, \cdots, y_n$ にわたる**累積対数損失**(cumulative logarithmic loss)を

$$\sum_{t=1}^{n}\{-\log P(y_t|y^{t-1})\}$$

で定義し，これが小さくなるほど良いアルゴリズムであると評価する．

同時分布の列 $\{P(y^t) : t = 1, 2, \cdots\}$, $\{P(y^t|\theta) : t = 1, 2, \cdots\}$ から $P(y_t|y^{t-1}) = P(y^t)/P(y^{t-1})$, $P(y_t|y^{t-1}, \theta) = P(y^t|\theta)/P(y^{t-1}|\theta)$ のように逐次的予測分布を導くことができることから，式(12)は以下のように書きなおすことができる．

$$R(y^n : P, H) = \sum_{t=1}^{n}\{-\log P(y_t|y^{t-1})\} - \min_{\theta}\left[\sum_{t=1}^{n}\{-\log P(y_t|y^{t-1}, \theta)\}\right] \quad (19)$$

これは時刻 t での P を用いた逐次的確率予測アルゴリズムの累積対数損失が H を用いた累積対数損失の最小値に対してどれだけ大きくなるかといった値を示している．この場合，式(13)はミニマックス累積対数予測損失(minimax cumulative logarithmic loss)と解釈される．

［定理 A2］　ミニマックスリグレット(16)を達成する逐次的確率予測アルゴリズムが存在する．これは Jeffreys の事前分布をもつベイズ型のアルゴリズム(Clarke and Barron, 1990 参照)によって達成される．

A.2　拡張型確率的コンプレキシティ

以上の議論において，統計的決定理論の立場からは，確率的コンプレキシティは与えられたデータが含んでいる情報量を測るのに，(1)確率モデルのクラスに対して，(2)対数損失とよばれる損失関数を尺度としている，ことを特徴としていた．そこで，確率的コンプレキシティの考え方を，$(1')$ 一般のパラメトリックな実数値関数のクラス $H = \{f_\theta(x) : \theta$ は実数ベクトル値パラメータ$\}$ に対して，かつ，$(2')$ 一般の損失関数 $L(y, \hat{y})$ に対して，拡張することを考える．ここで，$L(y, \hat{y})$ は y の値として $\hat{y}$ で予測したときの

予測損失関数である．たとえば，

平方損失: $L(y,\hat{y}) = (y-\hat{y})^2$
α-損失: $L(y,\hat{y}) = |y-\hat{y}|^\alpha$ $(\alpha > 0)$
離散損失: $L(y,\hat{y}) = 1$ $(y \neq \hat{y})$, $L(y,\hat{y}) = 0$ $(y = \hat{y})$

などが考えられる．

いま，データ列 $(x_1, y_1), \cdots, (x_n, y_n)$ が与えられたとする．x_i は，y_i に対応する入力である．このとき，データ系列 $y^n = y_1, \cdots, y_n$ の H に対する拡張型確率的コンプレキシティ(Yamanishi, 1998; 山西, 1998)を次式で定義する．

$$L(y^n) = -\frac{1}{\lambda} \log \int \pi(\theta) \exp\left\{-\lambda \sum_{t=1}^{n} L(y_t, f_\theta(x_t))\right\} d\theta \quad (20)$$

ここで λ は正数値をとるパラメータであり，$\pi(\theta)$ は θ の事前確率密度関数である．とくに，$\lambda = 1$ として，f_θ を確率密度関数 $f_\theta(\cdot|x_t)$ として，損失関数を対数損失 $L(y_t, f_\theta(x_t)) = -\log f_\theta(y_t|x_t)$ とし，$\pi(\theta)$ を Jeffreys の事前分布にしたときは式(18)の形式の確率的コンプレキシティに一致する．

また，式(20)は漸近的には次式のように展開できる(Yamanishi, 1998)．

[定理 A3]

$$L(y^n) \leq \min_\theta \sum_{t=1}^{n} L(y_t, f_\theta(x_t)) + \frac{k}{2\lambda} \log n$$
$$+ \frac{k}{2\lambda} \log\left(\frac{\lambda\mu}{2\pi(rc)^{2/k}}\right) + o(1) \quad (21)$$

ここに μ は $(1/n)(\partial^2 \sum_{i=1}^{n} L(y_i, f_\theta(x_i))/\partial\theta_i \partial\theta_j)$ の最大固有値，r, c は H によって定まる数であり，k はパラメータ θ の次元，$o(1)$ は $n \to \infty$ につれて，y^n に関して一様に 0 に収束する量である．

ここで逐次的確率予測の場合と同様に，以下のような逐次的な決定的予測プロセスを考える．各時刻 t において x_t を入力として，過去のデータ系列 $\{(x_i, y_i) : i = 1, \cdots, t-1\}$ にもとづいて，y_t を予測するようなアルゴリズムを逐次的予測アルゴリズムとよぶ．これに対して各時点での予測値を y_t とし，実測値を y_t とするとき，予測損失を $L(y_t, \hat{y}_t)$ で測る．

このようなプロセスが $t = 1, \cdots, n$ と繰り返されるとき，逐次的予測ア

ルゴリズムの性能を累積予測損失(cumulative loss) $\sum_{t=1}^{n} L(y_t, \hat{y}_t)$ で測る．いま，パラメトリックな関数のクラス $H = \{f_\theta(x) : \theta$ はパラメータ$\}$ が与えられたとき，データ系列 y^n について逐次的予測アルゴリズム A の H に対する相対累積予測損失(relative cumulative loss)を

$$R(y^n : A, H) = \sum_{t=1}^{n} L(y_t, \hat{y}_t) - \min_\theta \left\{ \sum_{t=1}^{n} L(y_t, f_\theta(x_t)) \right\} \quad (22)$$

で定める．また，H に対するミニマックス相対累積予測損失を

$$R_n(H) = \min_A \max_{y^n} R(y^n : A, H) \quad (23)$$

で定める．このとき，以下が成り立つ．

［定理 **A4**］（Yamanishi, 1998） L の値が有限である場合には，L と H に関するある正則条件のもとで，ある $\lambda^* > 0$ が存在して，すべての $\lambda \geq \lambda^*$ に対して

$$R_n(H) \leq \frac{k}{2\lambda} \log n + \frac{k}{2\lambda} \log\left(\frac{\lambda \mu}{2\pi (rc)^{2/k}} \right) + o(1) \quad (24)$$

が成り立つ．ここに，λ^* は L に依存するある正数である．（たとえば，平方損失に対しては $\lambda^* = 2$ である．）

式(24)の証明は，Aggregating アルゴリズムとよばれるアルゴリズムを適用することによって与えられる（くわしくは Yamanishi(1998)参照）．その累積予測損失は式(19)で与えられる．

また，ある正則条件のもとで

$$R_n(H) \geq \left(\frac{k}{2\lambda^*} - o(1) \right) \log n \quad (25)$$

であることが知られており（山西，1998），よって，漸近的に

$$R_n(H) \approx \frac{k}{2\lambda^*} \log n \quad (26)$$

である．よって，ミニマックス相対累積予測損失を達成する累積予測損失の値は漸近的には以下のような形で求められる．

$$\min_\theta \sum_{t=1}^{n} L(y_t, f_\theta(x_t)) + \frac{k}{2\lambda^*} \log n \quad (27)$$

パラメータの次元の異なる関数全体を考えるとき，与えられたデータ列

に対して,式(27)にしたがってこれを最小化するような関数推定の方式を考えることができる.これは一種の MDL 規準の拡張であり,そのような関数推定は統計的リスクが 0 に収束する収束速度が速いという意味で有効であることが理論的に証明されている(Yamanishi, 1998).とくに,損失関数の値が有限である場合には,$\lambda = c\{(\log n)/n\}^{1/2}$($c$ は正定数)とおいて,(19)を漸近展開して得られる形

$$\min_{\theta} \sum_{t=1}^{n} L(y_t, f_\theta(x_t)) + ck(n\log n)^{1/2} \qquad (28)$$

の規準を得る.本稿 7 章に現われる式(10)はこの最小化を実現する関数推定方式として得られたものである.

参考文献

英 文

Abe, N. and Mamitsuka, H. (1998): Query Learning Strategies Using Boosting and Bagging. In *Proc. of 15th Int. Conf. on Machine Learning (ICML98)* (pp. 1-9).

Agarwal, R., Mannila, H., Srikant, R., Toivonen, H. and Verkamo, A. I. (1996): Fast discovery of association rules. In U. Fayyad *et al.* (eds.): Advances in Knowlesge Discovery and Data Mining (pp. 307-328). AAAI Press.

Akaike, H. (1974): A new look at the statistical model identification. *IEEE Trans. Automat. Control*, AC-19, 716-723.

Apte, C., Damerau, F. and Weiss, S. M. (1994): Towards language independent automated learning of text categorization models. In *Proc. of Annual ACM SIGIR Conference on Research and Development in Information Retrieval (SIGIR'94)* (pp. 24-30).

Barnett, V. and Lewis, T. (1994): Outliers in Statistical Data. John Wiley & Sons.

Barron, A. R. and Cover, T. (1991): Minimum complexity density estimation. *IEEE Trans. on Information Theory*, IT-37, 1034-1054.

Bonchi, F., Giannotti, F., Mainetto, G. and Pedeschi, D. (1999): A classification-based methodology for planning audit strategies in fraud detection. In *Proc. of Fifth ACM SIGKDD Int. Conf. on Knowledge Discovery and Data Mining (KDD1999)* (pp. 175-184). ACM Press.

Breiman, L., Friedman, J. H., Olshen, R. A. and Stone, C. J. (1984): Classification and Regression Trees. Wadsworth: Belmnt, CA.

Burge, P. and Shawe-Taylor, J. (1997): Detecting cellular fraud using adaptive prototypes. In *Proc. of AI Approaches to Fraud Detection and Risk Management* (pp. 9-13).

Cadez, I., Heckerman, D., Meek, C., Smyth, P. and White, S. (2000): Visualization of navigation patterns on a web suite using model based clustering. *Technical Report MSR-TR-0018*. Microsoft Research. Microsoft Corporation.

Clark, B. and Barron, A. (1990): Information-theoretic asymptotics of Bayes methods. *IEEE Trans. on Information Theory*, IT-36, 453-471.

Cover, T. and Thomas, J. A. (1991): Elements of Information Theory. Wiley-International.

Cohen, W. W. and Singer, Y. (1998): Context-sensitive Learning Methods for Text Classification. `http://www.research.att.com/~singer`.

Dempster, A. P., Laird, N. M. and Ribin, D. B. (1977): Maximum likelihood from incomplete data via the EM algorithm. *Journal of the Royal Statistical Society*, B, **39**(1), 1-38.

Ding, C. H. Q., He, X. and Zha, H. (2001): A spectral method to separate disconnected and nearly disconnected web graph components. In *Proc. of Seventh ACM SIGKDD Int. Conf. on Knowledge Discovery and Data Mining (KDD2001)* (pp. 275-280). ACM Press.

Dumais, S., Platt, J., Heckerman, D. and Sahami, M. (1998): Inductive learning algorithms and representations for text classification. In *Proc. of 7th Int. Conf. on Information and Knowledge Management (ACM-CIKM'98)*.

Fayyad, U. (1996): From data mining to knowledge discovery in databases. *AI Magazine*, Vol. 17, No. 3.

Fawcett, T. and Provost, F. (1999): Activity monitoring: Noticing interesting changes in behavior. In *Proc. of Fifth ACM SIGKDD Int. Conf. on Knowledge Discovery and Data Mining (KDD1999)* (pp. 53-62). ACM Press.

Flake, G. W., Lawrence, S. and Giles, C. L. (2000): Efficient identification of web communities. In *Proc. of Fifth ACM SIGKDD Int. Conf. on Knowledge Discovery and Data Mining (KDD1999)* (pp. 150-160). ACM Press.

Hearst, M. (1997): Texttiling: Segmenting text into multi-paragraph subtopic passages. *Computational Linguistics*, **23**(1), 33-64.

Joachims, T. (1998): Text categorization with support vector machines: Learning with many irrelevant features. In *Proc. European Conf. on Machine Learning (ECML'98)* (pp. 137-142).

KDD Cup 1999 Data: http://kdd.ics.uci.edu/databases/kddcup99/kddcup99.html.

Kleinberg, J. M. (1998): Authoritative sources in a hyperlinked environment. In *Proc. of the 9th Annual ACM-SIAM Symposium on Discrete Algorithms* (pp. 668-677).

Kluwer: Kluwer the Languge of Science, Data Mining and Knowledge Discovery. http://www.wkap.nl/journalhome.htm/1384-5810.

Knorr, E. M. and Ng, R. T. (1998): Algorithms for mining distance-based outliers in large datasets. In *Proc. of 24th Very Large Data Base Conference (VLDB98)* (pp. 392-403).

Kosala, R. and Blockeel, H. (2000): Web mining research: A survey. *ACM SIGKDD Explorations*, vol. 2, No. 1, 1-15.

Krichevskii, R. E. and Trofimov, V. K. (1981): The performance of universal coding. *IEEE Trans. on Information Theory*, IT-27:2, 199-207.

Kushmerick, N. (2000): Wrapper induction: Efficiency and expressiveness. *Artificial Intelligence*, **118**, 15-68.

Langheinrich, M., Nakamura, A., Abe, N., Kamba, T. and Koseki, Y. (1999): Unintrusive customization techniques for web advertising. In *Proc. of WWW8*.

Lee, W., Stolfo, S. J. and Mok, K. W. (1999): Mining in a data-flow environment: Experience in network intrusion detection. In *Proc. of Fifth ACM SIGKDD Int. Conf. on Knowledge Discovery and Data Mining (KDD1999)* (pp. 114-124).

Li, H. and Yamanishi, K. (1999): Text classification using ESC-based stochastic decision lists. In *Proc. of 8th Int. Conf. on Information and Knowledge Management (ACM-CIKM'99)* (pp. 122-130).

Li, H. and Yamanishi, K. (2000): Topic analysis using a finite mixture model. In *Proc. of ACL Workshop on Very Large Corpus* (pp. 35-44).

Li, H. and Yamanishi, K. (2001): Mining from open answers in questionnaire data. In *Proc. of Seventh ACM SIGKDD Int. Conf. on Knowledge Discovery and Data Mining (KDD2001)* (pp. 443-449). ACM Press.

Li, H. and Yamanishi, K. (2002a): Text classification using ESC-based stochastic decision lists. *Information Processing and Knowledge Management*, **38**, 346-361.

Li, H. and Yamanishi, K. (2002b): Topic analysis using a finite mixture model. (to appear) In *Information Processing and Knowledge Management*.

Liu, B., Ma, Y., and Yu, P. S. (2001): Discovering unexpected information from competitors' web sites. In *Proc. of Seventh ACM SIGKDD Int. Conf. on Knowledge Discovery and Data Mining (KDD2001)* (pp. 144-153). ACM Press.

Mamitsuka, H. and Abe, N. (2000): Efficient mining from large databases with Query learning. In *Proc. of 16th Int. Conf. on Machine Learning (ICML2000)* (pp. 575-582).

Morinaga, S., Yamanishi, K., Tateishi, K., and Fukushima, T. (2002): Mining product reputations on the web. In *Proc. of Eighth ACM SIGKDD Int. Conf. on Knowledge Discovery and Data Mining (KDD2002)* (pp. 341-349).

Murrad, U. and Pinkas, G. (1999): Unsupervised profiling for identifying superimposed fraud, in Pacific Conference on Knowledge Discovery and Data Mining. In *Proc. of the Third European Conference on Principles and Practice of Knowledge Discovery in Databases (PKDD99)* (pp. 251-261).

Nakamura, A. and Abe, N. (1998): Collaborative filtering using weighted majority prediction algorithms. In *Proc. of 15th Int. Conf. on Machine Learning (ICML98)* (pp. 395-403).

Neal, R. M. and Hinton, G. E. (1993): A View of the EM Algorithm that Justifies Incremental, Sparse, and Other Variants. ftp://ftp.cs.toronto.edu/pub/radford/www/publications.html.

NEC R&D: NEC R&D on Data & Text Mining. http://www.labs.nec.co.jp/DTmining/.

Padmanabham, V. N. and Mogul, J. C. (1996): Using predictive prefetching to improve world wide web latency. *Computer Communication Review*, 1996.

Quinlan, J. R. (1993): C4.5 Programs for Machine Learning. Morgan Kaufmann.

Resnick, P., Iacovou, N., Suchak, M., Bergstom, P. and Riedl, J. (1994): GroupLens: An open architechture for collaborative filtering of netnews. In *Proc. of ACM Conf. on Computer Supported Cooperative Work (CSCW94)* (pp. 175-186).

Reuters21578 Text Categorization Collection: http://kdd.ics.uci.edu/databases/reuters21578/reuters21578.html.

Rissanan, J. (1984): Modeling by shortest data description. *Automatica*, **4**, 465-471.

Rissanen, J. (1996): Fisher information and stochastic complexity. *IEEE Trans. on Information Theory*, **42**(1), 40-47.

Rissanen, J. (1989): Stochastic Complexity in Statistical Inquiry. World Scientific: Singapore.

Rissanen, J. (1997): Stochastic complexity in learning. *Jr. Computer System and Sciences*, **55**(1), 89-95.

Rocke, D. M. (1996): Robustness properties of S-estimators of multivariate location and shape in high dimension. *The Annals of Statistics*, **24**(3), 1327-1345.

Rosset, S., Murad, U., Neumann, E., Idan, Y. and Pinkas, G. (1999): Discovery of fraud rules for telecommunications-challenges and solutions. In *Proc. of Fifth ACM SIGKDD Int. Conf. on Knowledge Discovery and Data Mining (KDD1999)* (pp. 409-413).

Salton, G. and Yang, C. S. (1973): On the specification of term values in automatic indexing. *Journal of Documentation*, **29**(4), 351-372.

Sarukkai, R. R. (2000): Link prediction and path analysis using Markov chains. In *Proc. of WWW7*.

Seung, H. S., Opper, M. and Sompolinsky, H. (1992): Query by committee. In *Proc. of the 5th Ann. Workshop on Computational Learning Theory (COLT92)* (pp. 287-294).

SIGKDD: http://www.acm.org/sigkdd/.

Weiss, S. M., Apte, C., Damerau, F., Oles, F. J., Goetz, T. and Hampp, T. (1999): Maximizing text-mining performance. *IEEE Intelligent Systems*, **14**(4), 63-69.

Yamanishi, K. (1992): A learning criterion for stochastic rules. *Machine Learning*, **9**, 165-203.

Yamanishi, K. (1998): A decision-theoretic extension of stochastic complexity and its applications to learning. *IEEE Trans. on Information Theory*, **44**(4), 1424-1439.

Yamanishi, K. and Li, H. (2002): Mining open answers in questionnaire data. *IEEE Intelligent Systems*, Sept/Oct, 58-63.

Yamanishi, K. and Takeuchi, J. (2001): Discovering outlier filtering rules from unlabeled data. In *Proc. of Seventh ACM SIGKDD Int. Conf. on Knowledge Discovery and Data Mining (KDD2001)* (pp. 389-394).

Yamanishi, K. and Takeuchi, J. (2002): A unifying framework for detecting outliers and change points from non-stationary time series data. In *Proc. of Eighth ACM SIGKDD Int. Conf. on Knowledge Discovery and Data Mining (KDD2002)* (pp. 676-681).

Yamanishi, K., Takeuchi, J., Williams, G. and Milne, P. (2000): On-line unsupervised outlier detection using finite mixtures using discounting learning algorithms. In *Proc. of Sixth ACM SIGKDD Int. Conf. on Knowledge Discovery and Data Mining (KDD2000)* (pp. 320-324).

Zaki, M. J. (2000): Generating non-redundant association rules. In *Proc. of Sixth ACM SIGKDD Int. Conf. on Knowledge Discovery and Data Mining (KDD2000)* (pp. 34-43).

邦　文

赤池弘次，北川源四郎(編)(1994, 1995)：時系列解析の実際 I, II．朝倉書店．

坂本比呂志，村上義継，安部潤一郎，有村博紀，有川節夫(2001)：ウェブからの情報抽出と最適パターン発見．第 4 回情報論的学習理論ワークショップ(IBIS 2001)予稿集，pp. 117-122.

人工知能学会誌，Vol. 16, No. 2(2001 年 3 月), 特集「テキストマイニング」．

竹内純一，山西健司(2000)：外れ値検出エンジン SmartSifter の実験的性能評価について．情報理論とその応用シンポジウム予稿集，pp. 419-422.

立石健二，森永聡，山西健司，福島俊一(2002)：Web 上の自動意見分析——意見抽出とテキストマイニングの融合．情報処理学会第 64 回全国大会予稿集．

永田昌明，平博順(2001)：テキスト分類——学習理論の「見本市」．情報処理，**42**(1), pp. 32-37.

日経コンピュータ，2001 年 8 月号，pp. 40-46.

山西健司(1998)：拡張型確率的コンプレキシティと情報論的学習理論．応用数理，Vol. 8, No. 3, 188-203.

山西健司(1999)：統計的モデル選択と機械学習．計測と制御，vol. 38, 420-426.

山西健司(2001a)：情報論的学習理論の現状と展望，情報処理，Vol. 42(1), 9-15.

山西健司(2001b)：データ・テキストマイニング．計算工学，vol. 6, No. 4, 386-395.

山西健司(2002a)：Web マイニングと情報論的学習理論．2002 年情報学シンポジウム講演論文集，pp. 9-16.

山西健司(2002b): データ・テキストマイニングの最新動向——外れ値検出と評判分析を例に. 応用数理, Vol. 12, No. 4, 7-22.

索　引

α-損失　234
AdaBoost　94, 99
AFQT　138
all-pairs 法　99
ASVAB　135
Break-even 点　219
Churn 分析　182
CRM　181
Cross-G-Learn-Relation　200
CUSUM　45, 46
CUSUM グラフ　45
DL-ESC　215
DL-SC　215
ECOC　99
EM アルゴリズム　45, 107
ESC（拡張型確率的コンプレキシティ）
　　190, 217, 234
GIS（一般化反復スケーリング法）
　　84
HMM（隠れマルコフモデル）　67
H 指標　23
IBM 翻訳モデル　105
IIS（改良反復スケーリング法）　84
Inside/Outside 法　82
IQ（知能テスト得点，知能指数）
　　136
Jeffreys の事前分布　232
Karush-Kuhn-Tucker 条件　98
kNN（k-最近隣法）　26, 92
K 特性値　21
LISF　26
MDL 規準　190
MDL 原理　232
MGV 規準　163

MTV 規準　163
NB　26
N-best 探索　71
n-gram　16
NLSY79　135
NNets（ニューラルネットワーク）
　　26, 29, 45
N 重マルコフ過程　67
one-against-all 法　99
OSMOD　164
PCA（主成分分析法）　140
Qbag（Query-by-Bagging）　194,
　　195
QSUM　46
Query-by-Bagging（Qbag）　193,
　　195
Query-by-Committee　194
SC（確率的コンプレキシティ）
　　190, 191, 217, 231
SDEM アルゴリズム　205, 208, 209
SDLE アルゴリズム　205, 206
SES　138
SIR　28
SmartSifter　203, 204
SOM（自己組織化マップ）　26
Start/End 法　82
STM（確率的トピックモデル）　222
SVM（サポートベクトルマシン）
　　26, 45, 95, 99
TBC　136
TR　15, 21
t 統計量　33
VC 次元　98
Web 構造マイニング　228

Web コンテンツマイニング　228
Web マイニング　181, 228
Web 利用マイニング　228
W 指標　23
Zipf の法則　20, 23

ア 行

曖昧性　64
アンサンブル学習　94
一般化反復スケーリング法（GIS）　84
遺伝的アルゴリズム　45
インクリメンタル EM アルゴリズム　208
オンライン忘却型アルゴリズム　205

カ 行

改良反復スケーリング法（IIS）　84
ガウス混合分布　204
拡張型確率的コンプレキシティ（ESC）　190, 217, 234
確率的決定リスト　215
確率的コンプレキシティ（SC）　190, 191, 217, 231
確率的トピックモデル（STM）　222
隠れマルコフモデル（HMM）　67
可読性　183
かな漢字変換　65
刈り込み　189, 216, 217
機械学習　183
機械学習的アプローチ　88
機械翻訳　100
期待値最大化アルゴリズム　107
機能語　13
共起度にもとづく相関分析　221
教師あり学習　188
教師付き学習　77
教師なし学習法　72

協調フィルタリング　198
共変量　133
極大頻出アイテム集合　186
クラスター　31
クラスター分析法　31
クラスタリング　212
クラスにもとづく N-gram モデル　69
形態素　62
形態素解析　62, 214
計量的文体論　4
結晶性知能　137
決定木　29, 188
言語モデル　66, 102
構造的リスク最小化　98
交絡変数　133
コーパス　61
コーパスにもとづくアプローチ　61
コーホート　135
語頭符号化　229
固有表現抽出　75
コンテンツベースフィルタリング　202
コンパラブルテキスト　104
コンプレキシティ　189

サ 行

最近隣法　91
再現率　219
最大エントロピー原理　83
最頻値　20
最尤推定値　231
最尤符号化　231
最尤分布　231
雑音のある通信路モデル　101
サポート　186
サポートベクトル　96
サポートベクトルマシン（SVM）　26, 45, 95, 99

シード　222
識別語　13
時系列分析　212
次元削減　90
次元縮約　139
次元の呪い　98
自己組織化マップ（SOM）　26
自然言語　61
自然言語処理　61
自然言語理解　74
実験群　131
4 分位数　11
自由記述アンケート　220
集団学習　193
集団能動学習　193
主成分　141
主成分スコア　141
主成分分析法（PCA）　140
巡回セールスマン問題　118
情報抽出　74
情報利得　189
情報量規準　190
助詞の分布　14
人工言語　61
真の分布　230
信頼度　186
数量化Ⅲ類　43, 155
スケーラビリティ　183
スタックデコーディング　118
成長　189, 216, 217
潜在意味インデキシング　90
センサス（全数調査）　131
全数調査（センサス）　131
選択的サンプリング　193
相関係数法　198
相関モデル　150
相関ルール　185
相対累積予測損失　235
属性選択　216

素性　83, 88
素性関数　83

タ 行

対応付け確率　109
対応付けテンプレート　122
対応分析　144
対照群　131
対数損失　206, 230
多義　64
多重対応分析　155
単語 N-gram モデル　67
単語クラスタリング　223, 224
単語対応付け　104
単語分割　63
探索誤り　120
逐次的確率予測アルゴリズム　233
逐次的な確率の予測問題　232
知識工学的アプローチ　88
知能指数（IQ，知能テスト得点）
　　136
チャンキング　86
中央値　11
データマイニング　25, 181
適合率　196, 219
テキストクラスタリング　221
テキストセグメンテーション　223,
　　226
テキスト分類　88, 213
テキストマイニング　181, 213
デコーダ（復号器）　102
デコード（復号）　102
デンドログラム　36
同音異義語　63
同形異義語　63
統計的機械翻訳　100
統計的言語モデル　66
読点の打ち方　17
特異値分解定理　142

トピック　222
トピックスポッティング　223, 224
トピック同定　223, 226

ナ　行

ナイーブベイズ分類器　93
2言語コーパス　103
ニューラルネットワーク（NNets）
　　26, 29, 45
能動学習　194

ハ　行

バスケット分析　182, 185
外れ値検出　202
バッギング　194
バックオフ　81
ハンザード・コーパス　103
繁殖数　111
ヒストグラム型の離散確率分布
　　204
歪み　111
ビタビアルゴリズム　69
ビタビ対応　113
標本調査　131
品詞bigramモデル　67
品詞タグ付け　63
頻出アイテム集合　186
ブースティング　93, 194
ブートストラップ法　45
復号（デコード）　102
復号器（デコーダ）　102
符号化　102, 229
不正検出　203
部分2言語テキスト　104
文体　3
文対応付け　103
平滑化　80

並行テキスト　103
平方損失　234
ベクトル空間モデル　91
ヘリンガースコア　205
変化点検出　212
変動距離　226
忘却パラメータ　209
母集団　132
翻訳　104
翻訳確率　106
翻訳モデル　102

マ　行

マージン　96
マイニング技術　181
まとめ上げ状態　81
マルコフモデル　66
ミニマックスリグレット　230
ミニマックス累積対数予測損失
　　233
無作為割り当て　131
モデル誤り　120

ヤ　行

有効性　183

ラ　行

ラプラス推定方式　206
リグレット　230
離散損失　234
流動性知能　137
類似度　91
累積対数損失　233
累積予測損失　235
累積和　45
ルール発見法　29
連関モデル　150

■岩波オンデマンドブックス■

統計科学のフロンティア 10
言語と心理の統計
——ことばと行動の確率モデルによる分析

2003年3月12日	第1刷発行
2009年4月6日	第6刷発行
2018年6月12日	オンデマンド版発行

著 者　竹村彰通　金　明哲　村上征勝
　　　　永田昌明　大津起夫　山西健司

発行者　岡本　厚

発行所　株式会社　岩波書店
　　　　〒101-8002　東京都千代田区一ツ橋2-5-5
　　　　電話案内　03-5210-4000
　　　　http://www.iwanami.co.jp/

印刷／製本・法令印刷

©Akimichi Takemura, Jin Mingzhe, Masakatsu Murakami,
Masaaki Nagata, Tatsuo Otsu, Kenji Yamanishi 2018
ISBN 978-4-00-730775-1　　Printed in Japan